电力从业人员管理技术培训教材

电能质量

国网天津市电力公司　编

中国水利水电出版社
www.waterpub.com.cn
·北京·

内 容 提 要

本教材第一章简单分析描述了电能质量的基本概念、术语、定义等。第二章分析解读了国内外电能质量相关的标准，重点对我国电能质量标准进行了解读。第三章介绍了各类电能质量事件的成因及各类电能质量问题在电网中的传播特性，重点描述谐波和电压暂降两种电能质量问题。第四章分析描述了各类电能质量问题对电网和用户的影响，重点描述电压波动和闪变、电压暂降和谐波对电网及用户的影响。第五章介绍了电能质量评估方式、评估流程和评估指标等。第六章介绍了电能质量敏感用户的分类分级原则和方法等。第七章描述了电能质量问题可能给供电服务工作带来的服务管理风险，并根据风险管理原则给出了电能质量导致的服务管理风险的管理流程。

本教材主要面向一线电力员工、工业用户变电站管理人员和相关电能质量从业人员等。

图书在版编目（CIP）数据

电能质量 / 国网天津市电力公司编. -- 北京 : 中国水利水电出版社, 2020.4(2022.10重印)
电力从业人员管理技术培训教材
ISBN 978-7-5170-8273-6

Ⅰ. ①电… Ⅱ. ①国… Ⅲ. ①电能－质量分析－技术培训－教材 Ⅳ. ①TM60

中国版本图书馆CIP数据核字(2019)第280739号

书　　名	电力从业人员管理技术培训教材 **电能质量** DIANNENG ZHILIANG
作　　者	国网天津市电力公司　编
出版发行	中国水利水电出版社 (北京市海淀区玉渊潭南路1号D座　100038) 网址：www. waterpub. com. cn E-mail：sales@mwr. gov. cn 电话：(010) 68545888 (营销中心)
经　　售	北京科水图书销售有限公司 电话：(010) 68545874、63202643 全国各地新华书店和相关出版物销售网点
排　　版	中国水利水电出版社微机排版中心
印　　刷	清淞永业（天津）印刷有限公司
规　　格	184mm×260mm　16开本　10.75印张　248千字
版　　次	2020年4月第1版　2022年10月第2次印刷
印　　数	1501—2500册
定　　价	**52.00**元

本书编委会

主　编: 刘树维

副主编: 吴　东　刘创华　杨　柳

参　编: 满玉岩　刘亚丽　刘颖英　刘　莹　李国栋　闫立东
唐瑞伟　张　玲　房克荣　王　峥　霍现旭　绳菲菲
李小叶　庞　博　钱丽明　邢向上

前言

PREFACE

如今电力已经成为现代人类社会中不可缺少的重要能源之一。无论在工业生产还是日常生活中，电力用户对电力的可靠性及质量的要求都在不断提高。随着科学技术及工业的发展，许多自动化程度很高的工业用户对电能质量的要求尤其高，任何电能质量问题都将导致产品质量的下降，甚至工程作业的停工，给用户造成不可估量的损失。信息科技的发展则对电能质量及供电可靠性提出更高的要求。信息电力供应应该具有高可靠性、高动态恒定性、互不干扰性、控制灵活性，应用方便性等特点。它与传统电力供应的区别主要体现在：除了包括人们已经熟知的稳态电压质量、谐波和电能的可靠性问题外，还包括未被人们所了解的动态电能质量问题。如何提供方便、优质的电能，使之更好地为信息化社会服务是当今电力工作者面临的新机遇和新挑战。同时，在现代电力系统中，电力电子设备的应用越来越广泛，各种非线性、冲击性、波动性负载也大量增加，使电力系统所遭受的电能质量污染也日趋严重。

尤其是伴随着国家“中国智造2025”的不断推进，以半导体制造、精细化工、汽车制造为代表的精密制造业发展迅速，这类用户对电能质量的要求越来越高，电能质量直接关系到国民经济的总体效益，因此对电能质量知识进行深入普及有着非常重要的意义。以供电公司为例，在实际供电服务工作中，电能质量问题体现在电网公司运营服务的各个环节中，运维、检修、调度、营销等各个岗位的电力员工都有系统学习电能质量相关知识的实际诉求。

为全面践行国家电网公司以人为本的理念，加强从业人员职业素质培养，提升从业人员长远发展的专业性和职业性，提高从业人员对电能质量知识的认识和理解，有必要编制一本系统的、面向一线电力员工和相关电能质量从业人员的培训教材。国网天津市电力公司依托多年的电能质量研究和管理经验，结合相关理论和实际工作，组织相关人员编制了本教材。本教材编写过程中充分考虑了理论知识和实际工作的融合，对电能质量方面的理论、标准、方法和规范按照各个业务方向的实际需求进行了提炼、总结，能使读者较快地进入这一领域，对电能质量问题有一个全面的了解。

本教材第一章简单分析描述了电能质量的基本概念、术语、定义等。第二章分析解读了国内外电能质量的相关标准，重点对我国电能质量标准进行了解读。第三章介绍了各类电能质量事件的成因及各类电能质量问题在电网中的传播特性，重点描述谐波和电压暂降两种电能质量问题。第四章分析描述了各类电能质量问题对电网和用户的影响，重点描述电压波动和闪变、电压暂降和谐波对电网及用户的影响。第五章介绍了电能质量评估方式、评估流程和评估指标等。第六章介绍了电能质量敏感用户的分类分级原则和方法等。第七章描述了电能质量问题可能给供电服务工作带来的服务管理风险，并根据风险管理原则给出了电能质量导致的服务管理风险的管理流程。

作者

2019 年 12 月

目录 CONTENTS

第一章

电能质量综述

电能是一种经济、方便、便于传输和转换的特殊商品，电能质量需要发电、供电、用电三方共同保障。电能质量问题是工业自动化水平发展到一定程度必然会出现的问题；反过来，工业信息化程度的提高又会带来更加复杂的新的电能质量挑战。本章概述了电能质量的历史和基本概念等，从电能质量术语、定义及电能质量问题体现的特征等内容入手，帮助读者构建系统性的电能质量知识框架。

第一节 电能质量概述

电能质量是与电力系统安全经济运行相关的、能够对用户正常生产过程及产品质量产生影响的电力供应综合技术指标，它涉及电压和电流波形的形状、幅值及其频率三大基本要素。在电力开始规模化供应的初期，人们发现电力系统的运行电压和运行频率的不稳定会在很大程度上影响电气设备的正常运行，而且随着工业化进程的推进，这种影响越来越突出，带来的损失也越来越大。供电部门和用户都意识到，保证电能质量以满足绝大部分设备的用电需求和保证电力系统的安全稳定运行已经成为电能供给和使用的最基本要求。

影响电能质量的因素众多，其主要影响因素包括电网结构、电气设备电磁兼容抗扰度水平、继电保护设置、环境气候、供电设备用电特性、负荷用电特性、系统管理维护等。而且，随着现代工业体系的演变，尤其是随着能源行业改革的大力推进，与电能质量相关的因素越来越多，越来越复杂。因此，面对纷繁复杂的负荷用电特性，要求完全净化的电能供应是不现实的，应该在技术、经济的双重制约下寻求一种平衡。

学习理解电能质量知识，不应该局限于电能质量问题本身。对于供电企业的员工，应该把提高电能质量与提升供电服务水平和增强市场竞争能力结合起来，研究如何从技术、经济、管理、服务等多个角度保证优质的电能质量，最大限度地减少电能质量问题可能对用户带来的损失。

一、电能质量的含义

从不同角度理解，电能质量的含义通常包括以下方面：

1. 电压质量

电压质量指实际电压与理想电压的偏差，反映供电企业向用户供应的电能是否合格。这个定义包括大多数电能质量问题，但不包括频率造成的电能质量问题，也不包括用电设备对电网电能质量的影响和污染。

2. 电流质量

电流质量反映了与电压质量有密切关系的电流的变化。通常除对交流电源有恒定频率、正弦波形的要求外，有些用户还要求电流波形与供电电压同相位以保证高功率因数运行。这样有助于电网电能质量的改善和线损的降低，但不能概括大多数因电压原因造成的电能质量问题。

3. 供电质量

供电质量的技术含义是指电压质量和供电可靠性。其非技术含义是指服务质量，包括供电企业对用户投诉的反应速度以及电价组成的合理性、透明度等。

4. 用电质量

用电质量包括电流质量，还包括反映供用电双方相互作用和影响中的用电方的权利、责任和义务，电力用户是否按期、如数缴纳电费等。

国内外对电能质量确切的定义至今尚没有形成统一的共识，但大多数专家认为电能质量的定义应理解为确保用户电力设备正常工作的电压、电流或频率，造成用电设备故障或误动作的任何电力问题都是电能质量问题。

《电磁兼容 环境 在工厂环境中的低频传导干扰的兼容水平》（IEC 1000-2-2/4）将电能质量定义为供电装置正常工作情况下不中断和干扰用户使用电力的物理特性。电气和电子工程师协会（Institute of Electrical and Electronics Engineers，IEEE）标准协调委员会对电能质量的技术定义为，合格的电能质量是指给敏感设备提供的电力和设置的接地系统均是适合该设备正常工作的。

不论如何表达，电能质量的概念中应包括电能供应过程中所要考虑的一切方面。

二、电能质量问题与电磁兼容问题

长久以来，很多业内专家学者一直将电能质量问题等同为电磁兼容问题。直到2003年，国际电工委员会（International Electrotechnical Commission，IEC）将电能质量问题划归面向电力供应的系统特性技术委员会（TC8分委会）。目前TC8分委会发布了与电能质量相关的第一部标准：《电学特性的标准化》（IEC/TR 62510—2008），阐述了电能质量的基本内容及其与电磁兼容的相互关系。IEC/TR 62510—2008指出：电能质量问题首先表现为供电的连续性，在此基础上，需要保证电网标称电压、频率与所连设备额定电压、频率的协调，进而考虑影响供、用电双方的电能质量指标问题。从用户角度，保护其生产工艺流程及预期功能的连续性，同时要保证电网的安全稳定运行。实际上，这一过程包括了电力公司、用户、设备提供商三个利益实体。

而电磁兼容的主要关注点在于设备的设计及其制造是否合理，其定义为在规定的电磁环境中保证其自身功能完善且不给本运行环境中其他设备带来不可容忍的电磁干扰的能力。可见，电磁兼容评价首先需要定义一个环境，在此环境里设备自身及其他设备均能够正常工作。但是电力系统公共连接点的负荷呈现出强烈的时变性与不可控性，即使所有用电设备在其测试的电磁环境中合格，也不能保证公共连接点（point of common coupling，PCC）电能质量指标一定在可接受的范围内。

可见，电能质量与电磁兼容是两个不同的量值控制体系，但是又互相联系，其中：电磁兼容是电能质量控制的一个方面，设备的发射水平控制在合理的范围，有助于电能质量综合指标的改善与控制；公用电网电能质量水平的控制，又有利于给电气设备创造一个良好的用电环境。

三、电能质量与供电可靠性

2004年，美国能源部通过专门分析、调研，提出电能质量问题就是电力可靠性问题，特别是在信息工业高速发展的情况下，电力可靠性指标必须考虑电能质量指标。

南非电监局2002年发布了《南非国家电力监督局对电源质量的指导》，明确提出每年度公布电能质量年度统计报告和各电力公司电能质量的数据信息。澳大利亚1999年就成立了电能质量与供电可靠性中心，主要研究分析电能质量与电力可靠性的关系。

电力系统可靠性即电力系统长期运行的用户满意程度，它描述电力系统长期运行条件下向用户提供持续的、稳定的、充足的电力服务的能力。可靠性指标是电力系统设计、运行管理的总体追求目标。

依据传统的思路及传统的电力系统可靠性概念，只要能为用户提供连续的电力供应，就是提供了满足用户要求的供电可靠性，用户就是满意的。但是，随着高新技术产业特别是电子类设备的大规模应用，此类负荷对电能质量指标诸如电压暂降、暂升、谐波、三相不平衡度等非常敏感，虽然出现电能质量问题时并没有引起传统的供电中断，也没有引起传统意义的电力可靠性指标恶化，但是这些电能质量问题却可能引起重大的用户损失或引起重大的电力事故，进而引起电力可靠性问题，此时的供电质量问题成为重要的电力可靠性指标。因此新形势下任何电力可靠性问题的讨论都应该涉及电能质量问题。

一般来说，电能质量与供电系统可靠性存在下述关系：

（1）以往供电可靠性是系统运行的终极目标，而当今世界，电能质量合格的电力供应才是系统运行的终极目标。也就是说，电能质量问题本身就是电力可靠性问题，是传统可靠性概念的进一步延伸。

（2）传统的电力可靠性能清楚地描述明显的电力中断事件，但电能质量事件常常发生在半个周波至几十毫秒内，这些事件系统几乎无法感知；然而对用户而言，可能是一次严重的电力中断，因此需要用电能质量的观点去描述这样的电力可靠性事件。

（3）传统的电力可靠性目标是不随时间而改变的，即提供持续不断的电力供应；但是电能质量指标却可以随着技术的进步而变化。

四、改善电能质量的意义

高标准的电能质量是一个国家工业生产发达、科技水平提高、社会文明程度进步的表现，是信息时代和信息社会发展的必然结果，是增强用电效率、节能降损、改善电气环境、提高国民经济总体效益以及工业生产可持续发展的技术保证。时至今日，电力工业面向市场经济，引进竞争机制，以求最小成本与最大效益，电能质量的优劣已经成为电力系统运行与管理水平高低的重要标志，控制和改善电能质量也是保证电力系统自身可持续发展的必要条件。

虽然电能质量问题在电能输送分配和使用的一开始就已经提出，但随着时代的进步和科技的发展，当代电力系统已经赋予了它新的概念和内容。现代工业的工艺制造和设备要求、高科技作用的实现，以及生产力和产品竞争力的提高越来越依赖高质量的电力供应。电能质量问题已不仅仅是电力系统中电压和频率等的基本技术问题，已被提升为关系到整个电力系统及设备安全、稳定、经济、可靠运行，关系到电气环境工程保护，关系到整个国民经济的总体效益和发展战略的高度来认识了。

随着电能质量标准的制定和实施，电能质量的监督管理法规体系将被逐步建立。这必将大大促进设备制造厂商提高其生产设备与电力系统的兼容性，促使电力用户在提高产品生产率、使用高性能设备的同时，严格限制自身对电力系统和其他设备的电磁干扰，保障各行各业的正常用电秩序，进一步促进供电部门加强电能质量的技术监督与电力系统的运行管理，推动电能质量先进控制技术的研发和应用，提高控制和驾驭能力，保证配电系统安全经济运行和向用户提供合格的电能和优质的服务。

不难看出，在当代电力系统，实现全面电能质量管理具有极其重要的社会意义和经济意义。

第二节　电能质量术语及定义

对于电能质量的术语及定义，国内外相关标准中术语的定义大致相同，本教材主要依据《电能质量　术语》（GB/T 32507—2016）展开描述。

一、一般术语

1. 电能质量（power quality；quality of power system）

电能质量是电力系统指定点处的电特性，关系到供用电设备正常工作（或运行）的电压、电流等各种指标偏离基准技术参数[❶]的程度。

2. 供电质量（quality of power supply）

供电质量是供电电源的供电电压质量、供电可靠、供电服务质量的总称。专指用电方与供电方之间的相互作用和影响中供电方的责任。

3. 用电质量（quality of consumption）

用电质量是用户电力负荷对公用电网的干扰水平（干扰因素主要有谐波电流、负序电流、零序电流、功率波动等）、用电功率因数和非技术因素（按规章用电、及时缴纳

❶ 基准技术参数一般指理想供电状态下的指标值，这些参数可能涉及供电与负荷之间的兼容性。

电费等）等。专指用电方与供电方之间相互作用和影响中用电方的责任。

4. 电压质量（voltage quality）

电压质量是实际电压各种指标偏离基准技术参数的程度。

5. 电流质量（current quality）

电流质量是实际电流各种指标偏离基准技术参数的程度。

6. 电能质量评估（power quality assessment）

电能质量评估是通过建模仿真和（或）电能质量检测，对电能质量各项指标作出评价的过程。

7. 供电可靠性（power supply reliability；service reliability）

供电可靠性是供电系统对用户持续供电的能力。其主要指标有供电可靠率、用户平均停电时间、用户平均停电次数、用户平均故障停电次数等。

8. 供电可靠率（reliability on service in total）

供电可靠率是在统计期间内，用户实际供电时间总小时数与统计期间小时数的比值，用百分比表示。

9. （设备的）电压容限［voltage tolerance（of equipment）］

（设备的）电压容限是在一定时间内设备承受电压方均根值或瞬时值变化（如电压暂降、暂升、短时中断、尖峰、脉冲、振荡）的能力。

10. 电压传递系数（voltage transfer coefficient）

电压传递系数是电压参数经过电气元件传递后产生的相对变化值。

11. 恢复时间（recovery time）

恢复时间是在分级负荷或线路发生变化后，输出电压或电流返回到规定值所需的时间；或发生电压中断或断电后系统恢复到正常运行所必需的时间。

12. 重要负荷（critical load）

重要负荷是当其不能正常运行时将危及到人身健康或安全，并（或）造成重大经济损失和社会影响的电气设备。

13. 线性负荷（linear load）

线性负荷是电压和电流呈线性关系的电气设备。

14. 非线性负荷（nonlinear load）

非线性负荷是电压和电流不呈线性关系的电气设备。

15. 冲击负荷（impact load）

冲击负荷是生产（或运行）过程中周期性或非周期性地从电网中取用快速变动功率的负荷。

16. 敏感负荷（sensitive load）

敏感负荷是对电压质量要求超过电能质量标准规定范围的负荷。

17. 容忍度曲线（tolerance curve）、设备敏感度曲线（equipment sensitive curve）

这两种曲线表示电气设备承受电压变动范围和持续时间能力的曲线。包括 CBEMA 曲线、ITIC 曲线、SEMI F47 曲线等。

二、供电电压相关术语

1. 电压偏差（deviation of voltage）

电压偏差是实际运行电压对系统标称电压的偏差相对值，以百分数表示。

2. 欠电压（undervoltage）

欠电压是被测电压方均根值低于 0.9pu（典型值为 0.8～0.9pu）且持续时间大于 1min 的电压变化。

3. 电压调整（voltage regulation）

电压调整是对供电电压进行控制并使之达到合格范围内的方法及过程。

4. 电压合格率（voltage qualification rate）

电压合格率是实际运行电压偏差在限制范围内累计运行时间与对应总运行时间的比值，用百分比表示。

三、系统频率相关术语

1. 频率偏差（frequency deviation）

频率偏差是系统频率的实际值和标称值之差。

2. 频率调整（frequency regulation）

频率调整是对供电频率进行控制并使之达到合格范围内的方法及过程。

3. 频率合格率（frequency qualification rate）

频率合格率是实际运行频率在限制范围内累计运行时间与对应总运行时间的比值，用百分比表示。

四、三相不平衡相关术语

1. 正序分量（positive - sequence component）

正序分量是将不平衡三相系统的电量按对称分量法分解后其正序对称系统中的分量。

2. 负序分量（negative - sequence component）

负序分量是将不平衡三相系统的电量按对称分量法分解后其负序对称系统中的分量。

3. 零序分量（zero - sequence component）

零序分量是将不平衡三相系统的电量按对称分量法分解后其零序对称系统中的分量。

4. 不平衡度（unbalance factor）

不平衡度是三相电力系统中三相不平衡的程度。用电压、电流负序基波分量或零序基波分量与正序基波分量的方均根值百分比表示。

五、电压波动与闪变相关术语

1. 电压波动（voltage fluctuation）

电压波动是基波电压方均根值（有效值）一系列的变动或连续的改变。

2. 电压方均根值曲线（root - mean - square voltage shape）

电压方均根值曲线是每半个基波电压周期方均根值的时间函数。

3. 电压变动（relative voltage change）

电压变动是电压方均根值曲线上相邻两个极值电压之差，以系统标称电压的百分数表示。

4. 电压变动频度（rate of occurrence of voltage changes）

电压变动频度是单位时间内电压变动的次数（电压由大到小或由小到大各算一次变动）。不同方向的若干次变动，如时间间隔小于 30ms，算一次变动。

5. 闪变（ficker）

闪变是人对视觉不稳定的感受，这种视觉不稳定是由于供电电压波动引起光源的照度或频率随时间变化而导致的。

6. 短时间闪变值（short - term ficker severity）

短时间闪变值是衡量短时间（若干分钟）内闪变强弱的一个统计量值，短时间闪变的基本记录周期为 10min。

7. 长时间闪变值（long - term ficker severity）

长时间闪变值是衡量长时间（若干分钟）内闪变强弱的一个统计量值，短时间闪变的基本记录周期为 2h。

六、谐波与波形畸变相关术语

1. 波形畸变（waveform distortion）

波形畸变是电压和（或）电流波形偏离了理想工频正弦波形的状态（主要由偏离的频谱量表示）。波形畸变主要有 5 种基本形式：①谐波；②间谐波；③缺口；④直流偏置；⑤噪声。

2. 基波频率（fundamental frequency）

基波频率是一个完整周期内，周期函数经傅里叶分解后得到的基准频率，所有频率都以其为参考。

3. 基波分量（fundamental component）

基波分量是周期量经傅里叶级数展开后工频对应的正弦波分量。

4. 谐波源（harmonic source）

谐波源是向公用电网注入谐波电流或在公用电网中产生谐波电压的电气设备。

5. 谐波测量点（harmonic measurement points）

谐波测量点是对电网和用户的谐波进行测量的位置。

6. 谐波分量（harmonic component）

谐波分量是对非正弦周期量进行傅里叶级数分解，得到的频率为基波频率整数倍的正弦分量。

7. 谐波次数（harmonic order）

谐波次数是谐波频率与基波频率的整数比。

8. 奇次谐波（odd harmonic）

奇次谐波是次数为奇次数（$h=2k+1$，$k=1$，2，3，…）的谐波。

9. 偶次谐波（even harmonic）

次数为偶次数（$h=2k$，$k=1$，2，3，…）的谐波。

10. 系统谐波阻抗（harmonic impedance of a network/system）

系统谐波阻抗是以系统的某一点为观测点，系统呈现的谐波阻抗。

11. 阻抗频率特性（impendence - frequency characteristic）

阻抗频率特性是从观测点看进去的系统阻抗值随频率变化的关系曲线。

12. 谐波含量（harmonic content）

谐波含量是从一周期交变量中减去其基波分量后所得到的谐波总量。

13. 正序性谐波（positive sequence harmonic）

正序性谐波是具有正序性质的谐波。

14. 负序性谐波（negative sequence harmonic）

负序性谐波是具有负序性质的谐波。

15. 零序性谐波（zero sequence harmonics）

零序性谐波是具有零序性质的谐波。

16. 间谐波频率（interharmonic frequency）

间谐波频率是基波频率的非整数倍频率。

17. 间谐波（interharmonic）

间谐波是周期量中具有间谐波频率的正弦交变分量。

18. 谐波含有率（harmonic ratio，HR）

谐波含有率是周期性交流变量中含有的第 h 次谐波分量的方均根值与基波分量的方均根值之比，用百分数表示。

19. 总的谐波畸变率（total harmonic distortion，THD）

总的谐波畸变率是周期性交变量中的谐波含量的方均根值与其基波分量的方均根值之比，用百分数表示。

20. 缺口（notching）

缺口是电力电子装置在进行正常电流换相时导致的周期性电压局部波形凹陷状槽口。

21. 特征谐波（characteristic harmonic）

特征谐波是在设计工况下，电气设备因电气结构不同而产生的特定次数谐波。

22. 非特征谐波（noncharacterisitic harmonic）

非特征谐波是在设计工况下，电气设备因电气结构的非理想因素而产生的非特定次数谐波。

23. 谐波谐振（harmonic resonance）

谐波谐振是电力系统在某一次谐波频率附近发生谐振，引起谐波明显放大的现象。

24. 铁磁谐振（ferro resonance）

铁磁谐振是发生在含有铁芯类线圈的非线性特征回路中的杂乱、不规律谐振。

25. 噪声（noise）

噪声是在特定环境下，产生相对无用的、甚至是有有害影响的存在于电路中的电信号。

26. 背景噪声（background noise）

背景噪声是与无线电噪声存在与否无关的来自电力线或变电站的系统总噪声。

27. 背景谐波（background harmonic）

背景谐波是某一电气设备接入电力系统之前，电力系统已经存在的谐波。

28. 直流偏置（DC offset）

直流偏置是交流电力系统中存在直流电流或直流电压的现象。

七、暂时过电压和瞬时过电压相关术语

1. 系统最高电压（highest voltage of a system）

系统最高电压是在正常运行条件下，系统的任何时间和任何点上出现的电压最高值。不包括瞬变电压。例如由于系统的开关操作及暂态的电压变化出现的电压值。

2. 系统最低电压（lowest voltage of a system）

系统最低电压是在正常运行条件下，系统的任何时间和任何点上出现的电压最低值。不包括瞬变电压。例如由于系统的开关操作及暂态的电压变化出现的电压值。

3. 暂时过电压（temporary overvoltage）

暂时过电压是在给定安装点上持续时间较长的不衰减或弱衰减的（以工频或其一定的倍数、分数）振荡过电压。

4. 瞬态过电压（transient overvoltage）

瞬态过电压是持续时间数毫秒或更短，通常带有强阻尼振荡或非振荡的一种过电压，它可以叠加于暂时过电压上。

5. 谐振过电压（resonance overvoltage）

谐振过电压是某些通断操作或故障通断后形成电感、电容元件参数的不利组合而产生谐振时出现的暂时过电压。

6. 暂时耐受过电压（temporary withstand overvoltage）

暂时耐受过电压是规定条件下，不造成绝缘击穿的暂时过电压的最大有效值。

7. 冲击耐受电压（impulse withstand voltage）

冲击耐受电压是在规定条件下，不造成绝缘击穿、具有一定波形和极性的冲击电压最高峰值。

八、电压暂降、暂升和中断相关术语

1. 电压暂降（voltage dip）

电压暂降是电力系统中某点工频电压方均根值突然降低至0.1～0.9pu，并短暂持续10ms～1min后恢复正常的现象。

2. 电压暂升（voltage swell）

电压暂升是电力系统中某点工频电压方均根值突然升高至1.1～1.8pu，并短暂持

续 10ms～1min 后恢复正常的现象。

3. 暂降阈值（dip threshold）

暂降阈值是为检测电压暂降起始和结束而设定的电压值。

4. 暂升阈值（swell threshold）

暂升阈值是为检测电压暂升起始和结束而设定的电压值。

5. 迟滞（hysteresis）

迟滞是起始阈值与终点阈值之间的幅值差。

6. 电压暂降持续时间（duration of a voltage dip）

电压暂降持续时间是以设定的电压暂降阈值记录的电压暂时降低的持续时间。在多相的情况下，该过程是随相关各相的暂降开始和结束而发生变化的。对多相情况来说，习惯上只要有一相的电压跌到低于起始值，暂降即为开始；等到所有各相的电压等于或超过结束阈值时，暂降才算结束。

7. 相位跳变（phase - angle jumps）

相位跳变是电压和（或）电流波形在时间轴上的进程突然发生的变化。

8. 临界距离（critical distance）

临界距离是某一给定电压暂降阈值下的复核连接点与故障点之间的距离。

9. 暂降域（dip area）

暂降域是系统中发生故障引起电压暂降，使所关心的某一敏感性负荷不能正常工作的故障点所在区域。

10. 电压中断（voltage interruption）

电压中断是一相或多相供电电压消失。通常用表示中断时间的附加术语来限定。

11. 瞬时（instantaneous）

瞬时是用于量化短时间内变化持续时间的修饰词，时间范围为工频 0.5～30 周波。

12. 暂时（momentary）

暂时是用于量化短时间内变化持续时间的修饰词，时间范围为工频 30 周波～3s。

13. 短时（temporary）

短时是用于量化短时间内变化持续时间的修饰词，时间范围为工频 3s～1min。

14. 长时间（sustained）

长时间是用于量化短时间内变化持续时间的修饰词，时间范围为大于 1min。

15. 剩余电压（residual voltage）

剩余电压是电压暂降或短时中断过程中记录的电压最小值。

16. 电压暂降深度（depth of voltage dip）

电压暂降深度是参考电压与剩余电压之间的比值。

17. 电压暂降耐受特性（dip immunity）

电压暂降耐受特性是用户设备在发生电压暂降时能够保持正常工作的能力。

九、治理技术与方法相关术语

1. 柔性配电技术（distribution flexible AC transmission system）

柔性配电技术是柔性交流输电各项新技术在配电网中的延伸，用于增强系统的可控性和功率传送能力以及提高运行效率和质量。

2. 定制电力（custom power）

定制电力是利用电力电子等技术实现电能质量控制，为用户提供特定要求的电力供应。

3. 串联电容补偿装置（series capacitive compensator）

串联电容补偿装置串联在输配电线路中以补偿线路感抗，是由电容器及其保护、控制等设备组成的装置。一般用于提高长距离输电线路的输送容量和稳定水平。

4. 并联电容器组（shunt capacitor bank）

并联电容器组是并联电网中，主要用来补偿感性无功功率以改善功率因数和母线电压的电容器组。

5. 动态无功补偿装置（dynamic var compensatior）

动态无功补偿装置是由电容器、电抗器、可控开关器件以及控制装置组成的阻抗可以动态调节的无功补偿装置。

6. 静止无功补偿器（static var compensartor，SVC）

静止无功补偿器是一种能够从电力系统中吸收可控的容性或感性电流，从而发出或吸收无功功率的静止的电气设备、系统或装置。

7. 静止无功发生器（static var generator，SVG）

静止无功发生器是基于电压源变流器或电流源变流器的动态无功补偿装置。

8. 动态电压恢复器（dynamic var restorer，DVR）

动态电压恢复器是串接于电源和负荷之间的电压源性电力电子补偿装置，一般用于快速补偿电压暂降。

9. 功率因数校正（power factor correction，PFC）

功率因数校正是由容性电流抵消感性电流（反之亦然）从而校正功率因数的方法。

10. 有源电力滤波器（active power filter，APF）

有源电力滤波器是利用电力电子装置发出谐波电压或谐波电流，以抵消系统中的谐波电压或谐波电流的装置。

11. 无源电力滤波器（passive filter）

无源电力滤波器是由滤波电容器、电抗器和电阻器组合而成的，用于滤除谐波同时补偿基波无功的装置。

第三节　电能质量问题描述

电能除了具有其他工业产品的基本特征（如可以对产品的质量指标分级、检测和预估，可以确定相应的质量标准和实施必要的质量控制）之外，由于其产品形式单一，而且其生产、输送与消耗的全过程独具特色，因此在引起质量问题的原因、劣质电能的影响与评价等方面与一般产品不同。

一、电能质量的特征

1. 持续动态变化

电力系统的电能质量始终处于动态变化中，电能从生产到消费是一个整体。电能量始终处于动态平衡之中，并且随着电网结构的改变和负荷的变化，在不同时刻、不同公共连接点，电能质量现象和指标往往不同，也就是说整个电力系统的电能质量状态始终处在动态变化中。

2. 全局性

整个区域电力系统是一个整体，各部分的电能质量状况相互影响。电能不易储存，其生产、输送、分配和转换直至消耗几乎同时进行。很显然，在电力系统运行过程中劣质电能是不可能被更换的。电气连接将供用电双方构筑成一个整体，不论哪个环节引起电能质量问题，质量一旦达不到标准要求，都会对相关电力网络、设备和用户的正常运行构成影响。

3. 危害的潜在性和传播性

电能质量扰动具有潜在危害和能够在一定范围内传播的特性。电能质量扰动多种多样，事故的诱发条件比较复杂，电能质量下降对电力系统和用电设备造成的损害有时并不立即显现，其危害与影响具有潜在性。另外，由于电力线为扰动提供了最好的传导途径，且传播速度快，电气环境污染波及面大，影响域广，其结果可能会大大降低与其相连接的其他系统或设备的电气性能，甚至使设备遭到损坏，其影响具有快速传播的特性。

4. 多主体

由于电网企业和用户都属于电能质量问题不可或缺的元素，可以认为两者都是电能质量问题的主体，用户既可能是电能质量问题的受害者，也可能是导致电能质量问题的主因，电能质量问题与电力用户有着紧密的相关性。在某些质量问题中，电能质量的下降更多的是受到使用者的影响，而不在于电力生产者或供应者。例如，用户设备汲取的供电电流大小和电流波形是由用户根据自己的生产需要设定的，而这些设备往往就是畸变电流的发生源。在这种情况下，电力用户成为保证电能质量的主体部分。

5. 难以准确评估

当电能质量的多个指标共同作用在一个系统中时，其不同的组合结果对电力系统运行的不利影响和对电气设备性能的降低，甚至损坏都是十分复杂的问题，加之不同电气设备在不同条件下对电压干扰的敏感度不同。因此给出综合的技术与经济评价仍然非常困难。

6. 系统性

电能质量问题是一个系统性问题。首先，导致电能质量问题的原因复杂多样，贯穿于电能生产、输送、消费等所有环节；其次，分析电能质量问题本身及电能质量的影响，不能局限于某个小区域或某个特定的用户，必须从系统的角度去考虑问题；最后，控制和管理电能质量是一个系统工程，保证优质供电，需要供电企业、发电企业、电力用户、设备制造商、标准制定部门、监督管理部门等协同合作，沿着同一既定标准和路线操作，才能高效优质地管控好电能质量。

二、电能质量问题的分类

对于电能质量问题的分类方法，国际上依据不同的技术，得到很多种分类方法。其中，IEC根据电磁现象及相互干扰的途径和频率特性来分类，得到的是广义的电磁扰动分类，将电磁扰动现象分为传导型低频现象、传导型高频现象、辐射型低频现象、辐射型高频现象、静电放电现象和核电磁脉冲现象等，电能质量问题大部分归于传导型低频现象。IEC的电磁现象分类见表1-1。

表1-1　IEC的电磁现象分类

<table>
<tr><th>现　象</th><th>分　类</th><th>现　象</th><th>分　类</th></tr>
<tr><td rowspan="8">传导型低频现象</td><td>谐波、间谐波</td><td>辐射型低频现象</td><td>工频电磁场</td></tr>
<tr><td>信号系统（电力线载波）</td><td rowspan="5">辐射型高频现象</td><td>磁场</td></tr>
<tr><td>电压波动</td><td>电场</td></tr>
<tr><td>电压暂降（凹陷）和间断</td><td>电磁场</td></tr>
<tr><td>电压不平衡</td><td>连续波</td></tr>
<tr><td>工频变化</td><td>瞬变</td></tr>
<tr><td>感应低频电压</td><td>静电放电现象</td><td></td></tr>
<tr><td>交流电网中的直流成分</td><td>核电磁脉冲现象</td><td></td></tr>
<tr><td rowspan="3">传导型高频现象</td><td>感应连续波电压或电流</td><td rowspan="3" colspan="2"></td></tr>
<tr><td>单方向瞬变</td></tr>
<tr><td>振荡性瞬变</td></tr>
</table>

IEEE对电磁现象的分类更为具体。对于稳态现象，可利用幅值、频率、频谱、调制、电源阻抗、下降深度、下降面积等属性来描述；对于非稳态现象，还可能需要一些其他特征，如上升率、幅值、相位移、待续时间、频谱、频率、发生率、能量强度、电源阻抗等来描述。IEEE的电磁现象分类见表1-2。

电能质量问题还有一种实用的分类方法，即按照电能质量变化连续性和事件突发性为基础分成两类。

所谓变化连续性是指连续出现的电能质量扰动现象，其重要的特征表现为电压或电流的幅值、频率、相位差等在时间轴上的任一时刻总是发生着小的变化。这一类现象包括前述的电压幅值变化、频率变化、电压与电流间相位变化、电压不平衡、电压波动、谐波电压和电流畸变、电压陷波、主网载波信号干扰等。

所谓事件突发性是指突然发生的电能质量扰动现象，其重要的特征表现为电压或电流短时严重偏离其额定值或理想波形。这一类现象包括电压暂降和电压短时间中断、欠电压、瞬态过电压、阶梯形电压变化、相位跳变等。

表 1-2 IEEE 的电磁现象分类

类别			典型频谱	典型持续时间	典型电压幅值
瞬变现象	冲击脉冲	纳秒级	5ns 上升	<50ns	
		微秒级	1μs 上升	50ns～1ms	
		毫秒级	0.1ms 上升	>1ms	
	振荡	低频	<5kHz	0.3～50ms	0～4pu
		中频	5～500kHz	20μs	0～8pu
		高频	0.5～5MHz	5μs	0～4pu
		暂降（凹陷）		0.5～30 周波	0.1～0.9pu
		暂升（凸起）		0.5～30 周波	1.1～1.8pu
		间断		0.5 周波～3s	<0.1pu
		暂降		30 周波～3s	0.1～0.9pu
		暂升		30 周波～3s	1.1～1.4pu
		间断		3s～1min	<0.1pu
		暂降		3s～1min	0.1～0.9pu
		暂升		3s～1min	1.1～1.2pu
长时间变动	持续间断			>1min	0.0pu
	欠电压			>1min	0.8～0.9pu
	过电压			>1min	1.1～1.2pu
电压不平衡				稳态	0.5%～2%
波形畸变	直流偏置			稳态	0～0.1%
	谐波		0～100th H	稳态	0～20%
	间谐波		0～6kHz	稳态	0～2%
	陷波			稳态	
	噪声		宽带	稳态	0～1%
电压波动			<25Hz	间歇	0.1%～7%
工频变化				<10s	

三、各类电能质量问题的特征

1. 瞬变现象

在电力系统运行分析中早已使用了“瞬变”这一名词。关于瞬变现象，《电气与电子标准术语词典》(IEEE Std 10—1992) 有一个含义更宽、描述也更简单的定义：变量的部分变化，且从一种稳定状态过渡到另一种稳定状态过程中该变化逐渐消失的现象。由于“瞬变”这个描述与电能质量的一些定义存在一定的矛盾，一般情况下，电能质量领域会避免采用这个词来描述电能质量事件。

2. 短时电压问题

短时电压波动主要指电压暂降、电压暂升、短时电压中断等。短时电压波动原因复杂，可以概括为：①用电设备具有冲击负荷或波动负荷，如电弧炉、炼钢炉、轧钢机、电焊机、轨道交通、电气化铁路以及短路试验负荷等；②系统发生短路故障，引起电压中断或暂降；③系统设备自动投切时产生操作波的影响，如备用电源自动投切、自动重合闸动作等；④系统遭受雷击引起的电网电压波动等。短时电压问题波形如图 1-1 所示。

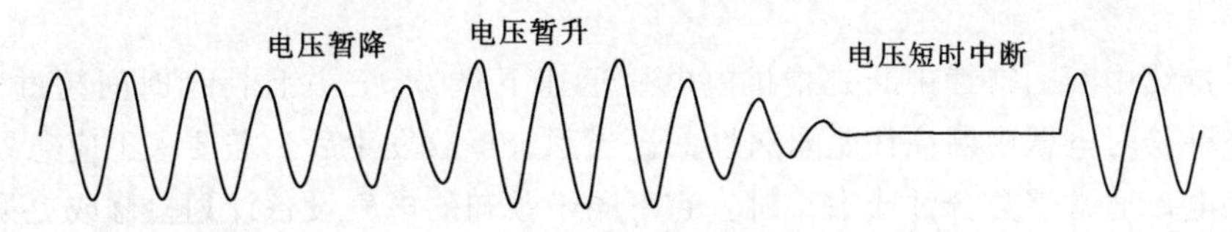

图 1-1 短时电压问题波形

(1) 电压暂降。电压暂降是当系统发生故障，电力系统中某点工频电压有效值暂时降低至额定电压的 10%～90%（即幅值为 0.1～0.9pu），并持续 10ms～1min，在此期间内系统频率仍为标称值，然后又恢复到正常水平的现象。电力系统中也将电压暂降称为电压跌落、电压骤降等。

多数情况下，电压暂降与过性故障相关，故障点距离监测点的电气距离往往是电压暂降幅度的决定因素。在电压暂降的描述过程中，往往容易出现量化标准的混淆。例如"发生 30%暂降"，如果没有特别的说明，应该是指电压方均根值下降了 30%，暂降发生时，实际电压方均根值为 0.7pu。

(2) 电压暂升。电压暂升是指电力系统中某点工频电压有效值暂时升高至额定电压的 110%～180%（即幅值为 1.1～1.8pu），并持续 10ms～1min，此期间内系统频率仍为标称值，然后又恢复到正常水平的现象。电力系统中也将电压暂升称为瞬态过电压。

(3) 电压短时中断。当系统发生接地等严重故障，监测点供电电压低于 0.1pu 以下，持续时间不超过 1min 时，认为发生了电压短时中断。电压短时中断往往与过性故障（一次性的、能够快速恢复的故障）相关，其持续时间主要由保护装置和开关的动作时间决定，一般情况下，重合闸将电压中断时间限定在工频下的 30 周波以内。

电压暂升绝大多数情况与一过性系统故障或发电端故障相关，如非接地系统的单相短路故障、大容量无功补偿设备的异常运行等。电压暂升现象在电力系统中发生的频度远小于电压暂降，电压暂升的幅度与故障点与监测点的电气距离、系统阻抗和接地方式等相关。

3. 长时电压问题

区别于短时电压问题，长时电压问题是指电压的方均根值偏离基准值的时间超过 1min 的电压问题。长时电压波动包括过电压、欠电压、持续中断和三相不平衡。

(1) 过电压。过电压是指工频下交流电压方均根值升高，超过额定值的 10%，并且持续时间大于 1min 的长时电压变动现象；过电压的出现通常是投切负荷造成的。

电力系统在特定条件下出现的超过工作电压的异常电压升高，属于电力系统中的一种电磁扰动现象。电力设备的绝缘层长期耐受着工作电压，同时还必须能够承受一定幅度的过电压，这样才能保证电力系统安全可靠地运行。按照过电压成因区分，过电压分为雷击过电压、暂态过电压、谐振过电压和操作过电压等。

(2) 欠电压。欠电压是指工频下交流电压方均根值降低，小于额定值的 10%，并且持续时间大于 1min 的长时电压变动现象；引起欠电压的事件正好与过电压相反，某一大容量负荷的投入或某一电容器组的断开（无功严重不足引起的欠电压）都可能引起欠电压。

(3) 持续中断。持续中断是指供电电压迅速下降为 0，并且持续时间超过 1min 的现象。这种长时电压中断往往是永久性的。当系统事故发生后，需要人工应急处理以恢复正常供电，通常需数分钟或数小时。它不同于预知的电气设备计划检修或更换而停电的情况，因此，持续中断是一种特有的电力系统现象。

(4) 三相不平衡。电力系统三相不平衡是由于三相负载不平衡以及系统元件三相参数不对称所致。电力系统三相电压平衡的状况是电能质量的主要指标之一。电力系统中三相电压的不平衡度，用电压或电流负序分量与正序分量均方根值的百分数表示，即

$$\varepsilon_u = \frac{u_2}{u_1} \times 100\% \tag{1-1}$$

式中　u_2——三相电压负序分量的方均根值；

u_1——三相电压正序分量的方均根值。

三相不平衡将导致电机等旋转类负荷发热和振动、变压器漏磁增加和局部过热、电网线损增大以及多种保护和自动装置误动等。

4. 波形畸变

波形畸变是指供电电压或电流波形偏离工频正弦波的现象，包含直流偏置、谐波、间谐波、陷波和噪声。

(1) 直流偏置。在交流电力系统中，存在直流电压或电流的情况称为直流偏置。直流偏置可能是由于半波整流或者地磁干扰等原因导致，尤其是高压、特高压及柔性直流输电的大规模推广，使换流站附近区域电网的直流偏置问题成为常见问题。直流偏置会引起变压器等铁磁元件铁芯饱和发热，从而造成事故或缩短设备使用寿命。

(2) 谐波。从严格的意义来讲，谐波是指电压或电流中所含有的频率为基波频率整数倍的分量，一般是指对周期性的非正弦电量进行傅里叶级数分解，其余大于基波频率的电压分量或电流分量。

电网谐波主要由发电设备（电源端）、输配电设备以及电力系统非线性负载等三个方面引起。电源端的谐波主要是由于发电机的固有工艺缺陷、运行特征等，一般来说相对较少，但新能源发电的大规模接入，使电源端对电网电压波形的影响越来越大；输配电过程中，电力变压器是主要的谐波来源，由于变压器的设计需要考虑经济性，其铁芯

的磁化曲线处于非线性的饱和状态，使得工作时的磁化电流为尖顶型的波形，因而产生奇次谐波；非线性负载也是主要的谐波来源，整流型负载、电弧炉、变频类负载都会向系统注入大量的谐波。

谐波一般用THD来描述。对于各次谐波的含量情况，通常用包含各次谐波分量幅值和相角的频谱图来表示。典型的谐波电压波形和频谱图如图1-2所示。

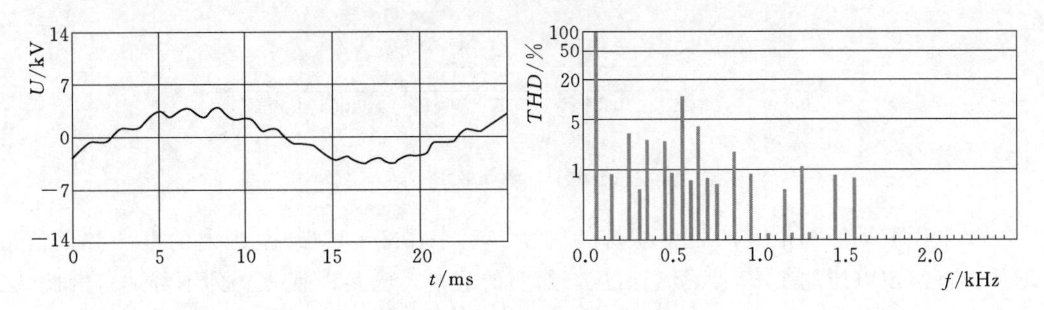

图1-2　典型的谐波电压波形和频谱图

(3) 间谐波。间谐波是指不是基波频率整数倍的谐波。间谐波往往由较大的电压波动或冲击非线性负荷引起，所有非线性的波动负荷如电弧炉、电焊机，各种变频调速装置，同步串级调速装置及感应电动机等均为间谐波源。

间谐波的特点是放大电压闪变和对音频的干扰，造成感应电动机振动及异常。间谐波的危害等同于整数次谐波电压的危害，《电磁兼容性　第3-6部分　畸变装置连接到中、高压及超高压电力系统发射限值的评估》(IEC 61000-3-6)对间谐波的发射水平做出了明确的说明，如间谐波电压水平应低于邻近谐波水平等。我国根据IEC的相关标准于2009年9月30日发布了《电能质量　公用电网间谐波》(GB/T 24337—2009)，于2010年6月1日开始实施。该规定对间谐波的含量、测量方法和测量仪器的精度做了相关规定。

(4) 陷波。陷波是电力电子装置在正常工作情况下，交流输入电流从一相切换到另一相（换相）时产生的周期性电压扰动。陷波不等同于谐波，不能用谐波的检测分析手段来处理，陷波的形态与电力电子装置的特征频率、开关频率等相关。一般以陷波的下陷深度和宽度来描述。陷波波形如图1-3所示。

(5) 噪声。电力系统中，噪声特指在低于200kHz宽带频谱范围内，叠加在电力系统中的无用信号。噪声的产生原因非常复杂，电力系统中所有的设备都可能是噪声的源头，同时，电磁场和宇宙射线等也可能带来电力系统噪声。

5. 电压波动与闪变

电压波动和闪变是指一系列电压随机变动或工频电压方均根值的周期性变化，以及由此引起的照明闪变。它是电能质量的一个重要技术指标。

在电力系统冲击性负荷的工作过程中，电网中的电压降将发生相应变化，导致电压波动。冲击性负荷可分为周期性冲击负荷和非周期性冲击负荷两类，其中周期性或近似周期性的冲击性负荷影响更为严重。

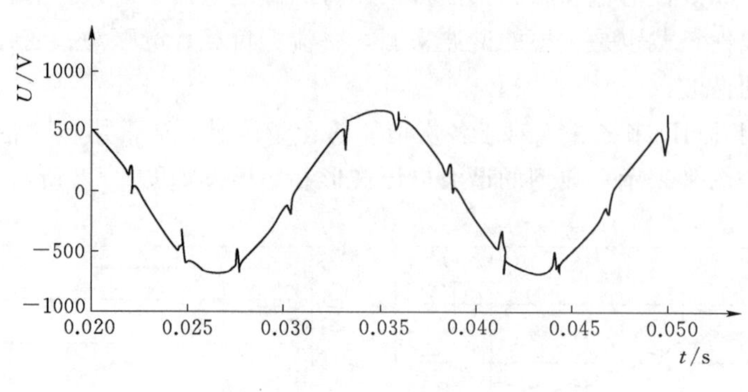

图 1-3　陷波波形

受电压波动影响最大的是白炽灯的闪变。频率在 5～12Hz 范围内的电压波动值，即使只有额定电压的 1%，其引起白炽灯照明的闪变，已足以使人感到不舒适，因此选定白炽灯的工况作为标准来判断电压波动值，把电压变动而引起人对灯闪的主观感觉叫“闪变”包络线为 10Hz 正弦波形的电压波动如图 1-4 所示。

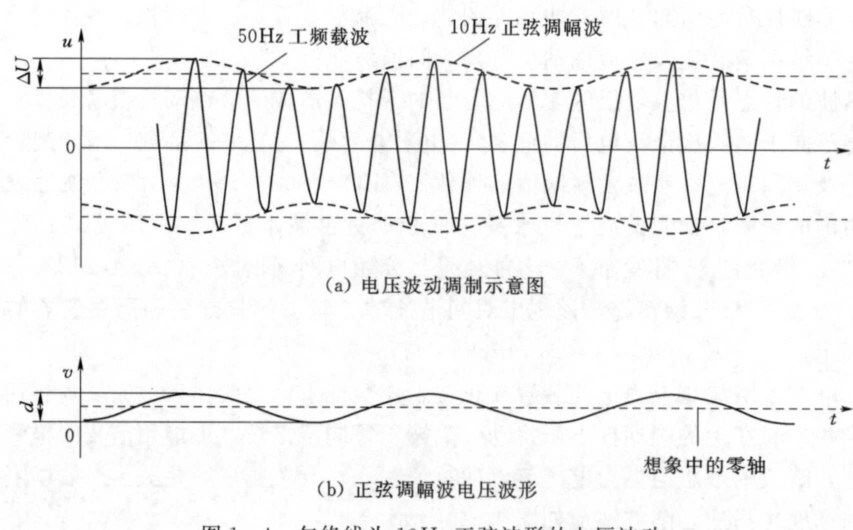

图 1-4　包络线为 10Hz 正弦波形的电压波动

6. 频率偏差

电力系统频率偏差是指电力系统内的实际频率与标称频率之间的偏差。引起电力系统频率偏差的主要原因是负荷的波动，主要包括变化周期为 10s～3min 的负荷脉动和变化十分缓慢的且带有周期规律的负荷。频率对电力系统负荷的正常工作有广泛的影响，系统某些负荷以及发电厂用电负荷对频率的要求非常严格。要保证用户和发电厂的正常工作就必须严格控制系统频率，使系统频率偏差控制在允许范围之内。

现在大电力系统中极少出现大的频率偏差。对于离网型小系统或孤岛运行的微电网，由于很难做到发电端和用电端的快速一致，因此会经常出现较大的频率偏差。

第四节 小　结

本章内容简单描述了电能质量的基本概念、定义及分类等内容。需要注意的是，在实际工作中对电能质量问题的说法有很多，比如电压暂降等。很多电力行业工作人员称其为电压凹陷、电压骤降、晃电等。事实上，为了避免歧义，应该采用统一的术语和定义。

第二章 电能质量标准

电能质量标准是保证电网安全经济运行、保护电气环境、保障电力用户正常使用电能的基本技术规范；是实施电能质量监督管理、推广电能质量控制技术、维护供用电双方合法权益的法律依据。早在20世纪60、70年代，世界各国几乎都制定了有关供电频率和电压允许偏差的计划指标，部分国家还制定了限制谐波、电流畸变、电压波动等的推荐导则。近十几年来，许多发达国家已经制定、颁布、实施了更加完备的电能质量系列标准。随着经济国际化，世界各国制定的电力系统电能质量标准正在与国际权威专业委员会推荐标准及相应的试验条件等一系列规定接轨，逐步实现标准的完整与统一。

第一节 概　　述

为了保证电网安全、经济运行，保证对用户连续、可靠地供应电能，保证输配电设备、用电设备与装置正常使用，必须以科学技术和运行经验的综合成果为基础，按照标准化的原则对电气产品制定并发布统一、适度的基本指标、规定，以统一的质量检验方法指导实施。这一工作被称为电能质量标准化。开展电能质量标准化工作主要有以下4个方面内容。

一、规定标称环境

实际电力系统中，由于生产和运行工况的不断变化，供电频率和电压不可避免地偏离理想标称值。因此，在规定电能质量指标时必须考虑，在一定时期内可能的环境条件中，在给定的标称值下允许某指标有一定的变化范围。例如，理想的供电系统应以恒定的工业频率（在我国标称频率为50Hz）和某一规定电压水平（如标称电压220V）向用户供应电能。实际上在给出标称频率和电压的同时，还应给出允许的偏差范围。

二、定义技术名词

在制定电能质量标准时给出电能质量现象的准确定义和描述，尽可能地统一专用术语十分必要。只有这样，当电力供应方、电力使用方和设备制造方之间进行技术与信息交流时才会有通用的规范“语言”。而在相互的技术要求上有了多方兼顾的统一规范标准，在电能质量的测量与评估结果上才会有可比性。如电压暂降指电力系统中某点工频电压方均根值突然降低至0.1～0.9pu，并在短暂持续10ms～1min后恢复正常的现象，以此为依据，就能够与电压短时中断和欠电压等故障区分开来。

三、量化电能质量指标

量化是制定电能质量标准工作的核心内容，涉及对电能质量问题发生原因和干扰传播机理的认识，对用电设备承受干扰能力的分析和测试，以及对抑制扰动和质量达标等技术的保证。在制定电能质量技术指标时应注意到，不是质量标准越高越好，其指标量化的目的是将电力系统整体的安全和经济与保证基本用电的可靠性联系起来，进行综合优化协调，制定出适度的和可能达到的技术指标。从电能质量的特殊性质可以知道，电能质量标准的量化不同于一般工业产品的质量问题，应据其特点作出规定。例如，需考虑到以下方面：

（1）保证电能质量并非供电部门单方面的责任。因此，在制定电能质量标准时，除了给出保证供电电压质量的扰动限制值外，还要给出用户设备注入电力系统的电磁扰动允许值。

（2）对于不同的供用电点和不同的供用电时间，电能质量指标往往不同。由于电能质量在时间和空间上均处于动态变化之中，因此在考核电能质量指标时往往采用概率统计结果来衡量。最典型的例子是取95%概率大值作为衡量依据。

（3）量化的电能质量标准应兼顾到电力供、用两方面的技术经济效益，因此强调电磁兼容性。

四、推荐统一的测量与评估方法

在制定电能质量计划指标的同时，也要制定出统计指标，因此对电能质量的测量方法与仪器以及质量的评估方法给出一定的要求和规定十分必要。采取统一的测量与评估方法的目的在于统一技术规范，使得实际检测到的电能质量数据真实可信，电能质量的考核与检验规范化，以便做到各仪器制造厂家生产的电能质量测量仪器评估方法科学合理，测量结果具有可比性，测试功能具有灵活可操作性。随着科技水平的提高和工业生产的发展，供电、用电和设备制造三方对电能质量的认识和要求在不断深化，制订出共同遵守的、综合优化的适度指标，并根据不同生产过程和用户的不同质量要求，给出不同等级的质量标准仍是一项长期的和不断探索的研究工作。

1988年，我国曾颁布执行了《电网电能质量技术监督管理规定》，提出了“谁干扰，谁污染，谁治理”的原则，并指出：为保证电力系统安全、稳定、经济、优质运行，全面保障电能质量是电力企业和用户共同的责任和义务。迄今为止，我国已经制定并颁布的电能质量国家标准有《电能质量　术语》（GB/T 32507—2016）、《电能质量　供电电压偏差》（GB/T 12325—2008）、《电能质量　电力系统频率偏差》（GB/T 15945—2008）、《电能质量　三相电压不平衡度》（GB/T 15543—2008）、《电能质量　电压波动和闪变》（GB/T 12326—2008）、《电能质量　公用电网谐波》（GB/T 14549—1993）、《电能质量　公用电网间谐波》（GB/T 24337—2009）、《电能质量　电压暂降与短时中断》（GB/T 30137—2013）、《电能质量　暂时过电压和瞬态过电压》（GB/T 18481—2001）九项。

第二节　IEC和IEEE电能质量标准解读

首先提出电能质量术语且给出定义的机构是IEEE，其电能质量专委会成立于2002年，下设多个工作组。目前，IEEE有包括电能质量术语、限值、测量（包括仪器、数据交换等）、评估、电能质量控制等方面的标准，其体系相对比较全面。但标准偏向技术性，操作性尚存欠缺。

实际上，欧洲早在1981年就涉及电能质量议题，但是以供电特征（characteristics of energy supply）进行表述的，其实质与IEEE电能质量术语所包含的内容基本一样（但不涉及电流质量）。1994年，欧洲电工标准化委员会（European Committee for Electrotechnical Standardization，CENELEC）批准的最早版本的电能质量欧洲标准为《公用供电系统的电压特征》（EN 50160）。该标准较全面地给出了供电系统电能质量限值及其评估方法。

IEC以前不涉及电能质量的相关标准，主要从电气产品角度制订了一系列电磁兼容标准（即IEC TC77的IEC 61000系列标准）。IEC 61000系列标准规范了电气设备的电磁扰动发射限值、抗扰度限值，同时为了协调特定环境下设备发射限值与抗扰度限值的设定，确保该环境中电气设备在满足发射限值及抗扰度限值基础上的安全运行，特制定了兼容限值。目前，IEC将电能质量议题主要划归为TC8分委会。

一、IEC与电能质量有关的标准

IEC与电能质量有关的标准主要是一些电磁兼容标准，包含电能质量相关的内容。IEC与电能质量有关的标准见表2-1。

表2-1　　IEC与电能质量有关的标准

序号	IEC标准编号	标　准　名　称	对应的我国标准
1	IEC 61000-1-1：1992	《电磁兼容性　第1-1部分　基本术语和定义的应用与解释》	GB/T 17624.1—1998
2	IEC 61000-2-1：1990	《电磁兼容性　第2-1部分　公用供电系统低频传导扰动及信号传输的电磁环境》	GB/Z 18039.5—2003
3	IEC 61000-2-2：2002	《电磁兼容性　第2-2部分　公用低压供电系统低频传导扰动及信号传输的兼容水平》	GB/T 18039.3—2003
4	IEC 61000-2-4：2002	《电磁兼容性　第2-4部分　工厂低频传导扰动的兼容水平》	GB/T 18039.4—2003
5	IEC 61000-2-5：1996	《电磁兼容性　第2-5部分　电磁环境的分类》	GB/Z 18039.1—2000
6	IEC 61000-2-6：1995	《电磁兼容性　第2-6部分　工业设备电源低频传导扰动发射水平的评估》	GB/Z 18039.2—2000
7	IEC 61000-2-8：2002	《电磁兼容性　第2-8部分　公用供电系统电压暂降和短时中断的统计测量结果》	
8	IEC 61000-2-12：2003	《电磁兼容性　第2-12部分　公用中压供电系统低频传导扰动及信号传输的兼容水平》	

续表

序号	IEC标准编号	标准名称	对应的我国标准
9	IEC 61000-3-2：2001	《电磁兼容性　第3-2部分　谐波电流发射限值（设备每相输入电流≤16A）》	GB 17625.1—2003
10	IEC 61000-3-3：2005	《电磁兼容性　第3-3部分　对每相额定电流小于等于16A且无条件接入的设备在公用低压供电系统中产生的电压变化、电压波动和闪烁的限制》	GB 17625.2—2007
11	IEC 61000-3-4：1998	《电磁兼容性　第3-4部分　对额定电流大于16A的设备在低压供电系统中产生的谐波电流的限制》	GB/Z 17625.6—2003
12	IEC 61000-3-5：1994	《电磁兼容性　第3-5部分　对额定电流大于16A的设备在低压供电系统中产生的电压波动和闪烁的限制》	GB/Z 17625.3—2000
13	IEC 61000-3-6：2008	《电磁兼容性　第3-6部分　畸变装置连接到中、高压及超高压电力系统发射限值的评估》	GB/Z 17625.4—2000
14	IEC 61000-3-7：2008	《电磁兼容性　第3-7部分　波动负荷装置连接到中、高压及超高压电力系统中波动负荷发射限值的评估》	GB/Z 17625.5—2000
15	IEC 61000-3-8：1997	《电磁兼容性　第3-8部分　低压电气设施上的信号传输——发射电平、频带和电磁扰动水平》	
16	IEC 61000-3-11：2000	《电磁兼容性　第3-11部分　公用低压供电系统中电压变化、电压波动和闪烁的限值——额定电流75A以上并需有条件连接的设备》	
17	IEC 61000-4-7：2002	《电磁兼容性　第4-7部分　供电系统及所连设备谐波、间谐波的测量和测量仪器导则》	GB/T 17626.7—2008
18	IEC 61000-4-15：2003	《电磁兼容性　第4-15部分　闪变仪——功能和设计规范》	GB/T 17626.15—2009
19	IEC 61000-4-30：2008	《电磁兼容性　第4-30部分　电能质量测量方法》	GB/T 17626.30—2012
20	IEC 61000-5-1：1996	《电磁兼容性　第5-1部分　安装和缓减导则——第1节：一般考虑》	
21	IEC 61000-5-2：1997	《电磁兼容性　第5-2部分　安装和缓减导则——第2节：接地和电缆敷设》	
22	IEC 61000-6-1	《电磁兼容性　第6-1部分　住宅、商业和轻工业的环境干扰性》	
23	IEC 61000-6-2	《电磁兼容性　第6-2部分　适用于工业环境的干扰性》	
24	IEC 61000-6-3	《电磁兼容性　第6-3部分　住宅、商业和轻工业环境用发射标准》	
25	IEC 61000-6-4	《电磁兼容性　第6-4部分　工业环境的发射标准》	
26	IEC 61400-21—2001	《风力发电机组　第21部分　风力发电机组电能质量测量和评估方法》	GB/T 20320—2006

续表

序号	IEC 标准编号	标　准　名　称	对应的我国标准
27	IEC/TR 62510：2008	《电特性的标准化》	GB/Z 26854—2011
28	IEC 60038：2002	《标准电压》	GB/T 156—2007
29	IEC/PAS 62559：2008	《能源系统开发用户需求的智能电网系统工程方法》	待批（GB/Z 类）
30	IEC 61850	《变电站通信网络与系统》	系列标准，目前分 10 部分，共 14 个标准

由表 2-1 可以看出，IEC 标准中与电能质量相关的标准很多，总结起来可以将电能质量问题归纳为低频传导方面的电磁兼容问题，IEC 电能质量相关标准总结见表 2-2。

表 2-2　　IEC 电能质量相关标准总结

标准版本号	IEC 61000-2-2：2002、IEC 61000-2-12：2003
名称（英文）	Compatibility levels for low-frequency conducted disturbances and signalling in public low (mid)-voltage power supply systems
适用范围	规定了公用低压（中压）供电系统（标称频率为 50Hz 或 60Hz）中频率范围为 0～9kHz（电源信号系统频率特别规定为 148.5kHz 及以下）的传导性扰动电磁兼容水平，标准中的兼容水平适用公共连接点
扰动现象	低压系统（≤1kV），中压系统（>1kV，≤35kV）
电压波动和闪变	正常情况下电压波动不大于标称供电电压的 3%；短期闪变（10min）$P_{st}=1$，长期闪变（2h）$P_{lt}=0.8$
电压谐波	3 次谐波对应的限值为 5%；5 次谐波对应的限值为 6%；7 次谐波对应的限值为 5%；11 次谐波对应的限值为 3.5%；13 次谐波对应的限值为 3%；总谐波对应的限值为 8%。对于很短时间（3s 以内），将上述各次谐波对应的限值乘 k 作为兼容水平，$k=1.3+\frac{0.7}{45}\times(n-5)$，$n$ 为谐波次数，总谐波畸变 $THD=11\%$。以上仅摘录了若干奇次谐波兼容值，详细规定见标准文本
电压间谐波	涉及间谐波电压的电磁扰动问题仍在研究中。本标准中给出的兼容水平仅对于工频（50Hz 或 60Hz）附近使供电电压幅值调制，导致闪变的现象而言，对于 $P_{st}=1$，图示了间谐波电压幅值和拍频关系
电压暂降和短时中断	此是随机事件，电压暂降的影响随着暂降深度和持续时间而增加，故为二维扰动现象。大多数电压暂降持续时间为 0.5 周波至 1s；由架空线馈电的农村地区每年暂降次数可达几百次，而由电缆网供电的约为 10～100 次。短时中断往往由电压暂降导致。目前尚无足够资料确定兼容水平，详见 IEC 61000-2-8
电压不平衡	负序分量为正序分量的 2%；在某些地方，特别是有大的单相负荷连接处，可达到 3%
瞬态过电压	就幅值和能量含有而言，考虑到瞬态过电压的不同来源（主要是雷电和操作冲击波），未规定兼容水平。关于绝缘配合见 IEC 60664-1（IEC60071）
短时工频变化	短时频率变化为±1Hz；稳态的频率偏差要小得多。需要注意的是，某些设备对频率变化率很敏感
直流分量	公用供电系统的直流电压分量一般很小，但当连接某些不对称控制的负荷，以及诸如地磁暴这类不可控事件发生时，直流分量会明显增大。直流电压取决于直流电流及网络阻抗。尚未规定直流电压的兼容水平

续表

标准版本号	IEC 61000-2-2：2002、IEC 61000-2-12：2003
电网的信号传输	IEC 61000-2-2 和 IEC 61000-2-12 中所述的四种电网信号传输系统兼容水平内容如下： （1）纹波控制系统（110～3000Hz）注入的正弦波信号值为标称电压的 2%～5%；有的国家用 Meister 曲线作为限值；否则不应超过谐波（奇次、非 3 倍数次）的兼容水平。 （2）中频电力线载波（3～20kHz）兼容水平在考虑中。 （3）无线电频率电力线载波系统（148.5Hz～20kHz）兼容水平在考虑中。 （4）电网标志系统。 由于各个系统特性不同，因此不能给出普遍性的指导，但制造商必须保证这些系统和供电网的兼容性

二、IEEE 电能质量标准

IEEE 将电能质量描述为：合格电能质量是指给敏感设备提供的电力和设备的接地系统均能使该设备正常工作。《电能质量监测推荐规程》（IEEE Std 1159—2009）指出：电能质量是描述电力系统给定点、给定时间由电磁现象引起的电压、电流特征。IEEE 与电能质量有关的标准见表 2-3。

表 2-3　IEEE 与电能质量有关的标准

序号	IEEE 标准编号	标 准 名 称	说 明
1	IEEE Std 399—1990	《工业和商用电力系统分析推荐导则》	
2	IEEE Std C62.41—1991	《低压交流电力回路中浪涌电压推荐导则》	
3	IEEE Std 519—2005	《电力系统中谐波控制推荐规程和要求》	
4	IEEE Std 1100—1992	《对于电力和接触敏感的电子设备推荐规程》	
5	IEEE Std 1303—1994	《静止无功补偿器现场试验导则》	
6	IEEE Std 446—1995	《对于工业和商业紧急和备用电源系统的推荐规程》	
7	IEEE Std 1159—2009	《电能质量监测推荐规程》	是 1995 年标准的修订
8	IEEE Std 1250—2002	《对电压瞬时扰动敏感设备的服务导则》	是 1995 年标准的修订
9	IEEE Std P519A—D5—1996	《电力系统中应用谐波限值的导则》	
10	IEEE Std 1346—1998	《电力系统与电子加工设备兼容性评估的推荐规程》	
11	IEEE Std C57.110—1998	《供非线性负荷电流时，确定变压器容量的推荐规程》	
12	IEEE Std 1031—2000	《输电用静止无功补偿器的功能规范》	GB/T 20298—2006 的主要参考标准

续表

序号	IEEE 标准编号	标　准　名　称	说　明
13	IEEE Std 1459—2000	《在正弦、非正弦，平衡或不平衡条件下电能质量测量的定义》(试用标准)	
14	IEEE Std P519.1—D8b—2003	《电力系统中应用谐波限值的导则（草案）》	
15	IEEE Std 1159.3—2003	《电能质量数据交换格式推荐导则》	
16	IEEE Std P1433—D5A—1999	《电能质量术语汇总标准草案》	
17	IEEE Std.1547—2003	《分布式电源和电力系统互联标准》	正在制定相应配套的系列标准
18	IEEE 1585—2002	《用于中压（1～35kV）电压波动补偿的电子串联装置功能规范导则》	

从表 2-3 可以看出，美国对电能质量领域标准化工作起步较早，涉及面较广，和 IEC 61000 标准相比，虽然系统性方面欠缺一些，但内容上有一定的互补性，表现在针对敏感负荷供电，已发布多项标准；对于电能质量测量给予相当的关注；对谐波标准补充了实施导则；对于电能质量改善措施，制定了不少规程和导则；对涉及电能质量术语、分析和关键的理论问题也制定了一些导则或标准。针对分布式电源的发展，制定了相关的互联标准；为智能电网的发展制定了系列标准。

IEEE 制定的电力系统电磁现象特性参数和分类见表 2-4。

表 2-4　　IEEE 制定的电力系统电磁现象的特性参数和分类

类　别			典型频谱	典型持续时间	典型电压幅值
瞬变现象	冲击脉冲	纳秒级	5ns 上升	<50ns	
		微秒级	1μs 上升	50ns～1ms	
		毫秒级	0.1ms 上升	>1ms	
	振荡	低频	<5kHz	0.3～50ms	0～4pu
		中频	5～500kHz	20μs	0～8pu
		高频	0.5～5MHz	5μs	0～4pu
短时间电压变动	瞬时	暂降		0.5～30 周波	0.1～0.9pu
		暂升		0.5～30 周波	1.1～1.8pu
	暂时	中断		0.5 周波～3s	<0.1pu
		暂降		30 周波～3s	0.1～0.9pu
		暂升		30 周波～3s	1.1～1.4pu
	短时	中断		3s～1min	<0.1pu
		暂降		3s～1min	0.1～0.9pu
		暂升		3s～1min	1.1～1.2pu

续表

类别		典型频谱	典型持续时间	典型电压幅值
长时间电压变动	持续中断		>1min	0
	欠电压		>1min	0.8～0.9pu
	过电压		>1min	1.1～1.2pu
电压不平衡			稳态	0.5%～2%
波形畸变	直流偏置		稳态	0～0.1%
	谐波	0～100th	稳态	0～20%
	间谐波	0～6kHz	稳态	0～2%
	陷波		稳态	
	噪声	宽带	稳态	0～1%
电压波动		<25Hz	间歇	0.1%～7%
工频变化			<10s	

第三节 我国电能质量标准解读

目前，我国已有9项电能质量国家标准，但电能质量标准体系还很不完善。为此，2004年国家发展和改革委员会立项，全国电压电流等级和频率标准化技术委员会秘书处主持完成了《电能质量标准体系完善化研究》。研究报告提出的电能质量标准框架如下：术语；限值和基本要求系列标准[包括供电电压偏差，电力系统频率偏差，谐波(包括间谐波)，电压不平衡度，电压波动和闪变，电压暂升、暂降，短时和长时断电，暂时过电压和瞬态过电压，电压波形缺口，信号电压10个指标]；监视、测量、评估方法系列标准；监视、测量、分析仪器设备系列标准；电能质量控制装置及应用导则系列标准，包括用于吸收电网谐波、改善电网静态和动态电能质量特性的设备、装置及其应用的标准；电能质量管理的系列标准。

本节主要解读目前我国已经发布的9项电能质量国家标准。这9项国家标准的摘要见表2-5。

表2-5　电能质量国家标准摘要

标准编号	标准名称	允许限值	说明
GB/T 32507—2016	《电能质量　术语》		对电能质量及电磁兼容相关的术语进行明确解读
GB/T 12325—2008	《电能质量　供电电压偏差》	(1) 35kV及以上为正负偏差绝对值之和不超过10%。 (2) 10kV及以下三相供电为±7%。 (3) 220V单相供电为+7%、-10%	衡量点为供电产权分界处或电能计量点

续表

<table>
<tr><th>标准编号</th><th>标准名称</th><th>允 许 限 值</th><th>说 明</th></tr>
<tr><td>GB 12326—2008</td><td>《电能质量　电压波动和闪变》</td><td>电压变动 d 的限值和变动频度 r 有关：当 $r \leqslant 1000\text{h}^{-1}$ 时，对于低压（low voltage，LV）和中压（medium voltage，MV），d=1.25%～4%；对于高压（high voltage，HV），d=1.0%～3%；对于随机不规则的变动，d=2%（LV，MV）和 d=1.5%（HV）。
闪 变 限 值
<table><tr><th>系统电压等级</th><th>LV</th><th>MV</th><th>HV</th></tr><tr><td>P_{st}</td><td>1.0</td><td>0.9(1.0)</td><td>0.8</td></tr><tr><td>P_{lt}</td><td>0.8</td><td>0.7(0.8)</td><td>0.6</td></tr></table>注：1. 括号中的值仅适用于所有用户为同电压等级场合。
2. P_{st}为短时间闪变值；P_{lt}为长时间闪变值</td><td>（1）衡量点为公共连接点（point of common coupling，PCC）。
（2）P_{st}每次测量周期为10min，取实测95%概率值；P_{lt}每次测量周期为2h，不得超标。
（3）限值分三级处理原则。
（4）提供预测计算方法，规定测量仪器并给出典型分析实测示例</td></tr>
<tr><td>GB/T 14549—1993</td><td>《电能质量　公用电网谐波》</td><td>电网谐波电压限值
<table><tr><th rowspan="2">电压/kV</th><th colspan="3">电网谐波电压限值/%</th></tr><tr><th>THD</th><th>奇次</th><th>偶次</th></tr><tr><td>0.38</td><td>5</td><td>4.0</td><td>2.0</td></tr><tr><td>6、10</td><td>4</td><td>3.2</td><td>1.6</td></tr><tr><td>35、66</td><td>3</td><td>2.4</td><td>1.2</td></tr><tr><td>110</td><td>2</td><td>1.6</td><td>0.8</td></tr></table>注：220kV 电网参照 110kV 执行</td><td>（1）衡量点为PCC，取实测95%概率值。
（2）对用户允许产生的谐波电流，提供计算方法。
（3）对测量方法和测量仪器做出规定。
（4）对同次谐波随机性合成提供算法</td></tr>
<tr><td>GB/T 15543—2008</td><td>《电能质量　三相电压允许不平衡度》</td><td>（1）正常允许2%，短时不超过4%。
（2）每个用户一般不得超过1.3%</td><td>（1）各级电压要求一样。
（2）衡量点为PCC，取实测95%概率值或日累计超标不许超过72min，且每30min中超标不许超过5min。
（3）对测量方法和测量仪器做出基本规定。
（4）提供不平衡度算法</td></tr>
<tr><td>GB/T 24337—2009</td><td>《电能质量　公用电网间谐波》</td><td>220kV及以下电力系统公共连接点各次间谐波电压含有率应不大于以下限值。
各次间谐波电压含有率限值
<table><tr><th rowspan="2">电压等级</th><th colspan="2">频率/Hz</th></tr><tr><th><100</th><th>100～800</th></tr><tr><td>1000V 及以下</td><td>0.2</td><td>0.5</td></tr><tr><td>1000V 以上</td><td>0.16</td><td>0.4</td></tr></table>接于PCC点的单一用户引起的各次间谐波电压含有率一般不超过下表限值。根据连接点的负荷状况，此限值可以适当变动，但必须满足上表的规定。
单一用户引起的各次间谐波电压含有率限值
<table><tr><th rowspan="2">电压等级</th><th colspan="2">频率/Hz</th></tr><tr><th><100</th><th>100～800</th></tr><tr><td>1000V 及以下</td><td>0.16</td><td>0.4</td></tr><tr><td>1000V 以上</td><td>0.13</td><td>0.32</td></tr></table></td><td></td></tr>
</table>

续表

<table>
<tr><th>标准编号</th><th>标准名称</th><th>允许限值</th><th>说明</th></tr>
<tr><td>GB/T 15945—2008</td><td>《电能质量　电力系统频率偏差》</td><td>（1）正常允许±0.2Hz，根据系统容量可以放宽到±0.5Hz。
（2）用户冲击引起的频率变动一般不得超过±0.2Hz</td><td>对测量仪器提出了基本要求</td></tr>
<tr><td>GB/T 18481—2001</td><td>《电能质量　暂时过电压和瞬态过电压》</td><td>（1）系统工频过电压限值。
过电压限值
<table><tr><th>电压等级/kV</th><th>过电压限值/pu</th></tr><tr><td>U_m＞252（Ⅰ）</td><td>1.3</td></tr><tr><td>U_m＞252（Ⅱ）</td><td>1.4</td></tr><tr><td>110 及 220</td><td>1.3</td></tr><tr><td>35～66</td><td>$\sqrt{3}$</td></tr><tr><td>3～10</td><td>$1.1\sqrt{3}$</td></tr></table>注：1. U_m 指工频峰值电压。
2. U_m＞252kV（Ⅰ）和 U_m＞252kV（Ⅱ）分别指线路断路器变电所侧和线路侧。
（2）操作过电压限值。空载线路合闸、单相重合闸、成功的三相重合闸、非对称故障分闸及振荡解列过电压限值见下表。
过电压限值
<table><tr><th>电压等级/kV</th><th>过电压限值/pu</th></tr><tr><td>500</td><td>2.0①</td></tr><tr><td>330</td><td>2.2①</td></tr><tr><td>3～220</td><td>3.0</td></tr></table>①　该过电压相对地进行统计操作</td><td>（1）暂时过电压包括工频过电压和谐振过电压；瞬态过电压包括操作过电压和雷击过电压。
（2）工频过电压 1pu＝$U_m/\sqrt{3}$。谐波过电压和操作过电压 1pu ＝ $\sqrt{2}U_m/\sqrt{3}$。
（3）除统计过电压（不小于该值的概率为 0.02）外，凡未说明的操作过电压限值均为最大操作过电压（不小于该值的概率为 0.0014）。
瞬态过电压还对空载线路分闸过电压、断路器开断并联补偿装置及变压器等过电压限值做出了规定</td></tr>
<tr><td>GB/T 30137—2013</td><td>《电能质量　电压暂降与短时中断》</td><td></td><td>本标准主要介绍了电压暂降与短时中断的指标及测试、统计和评估方法</td></tr>
</table>

一、GB/T 32507—2016

本标准根据“电能质量标准体系完善化研究”项目提出的电能质量标准框架编制，并于 2016 年发布。本标准规定了电能质量领域有关的基本名词、术语及定义。

GB/T 32507—2016 适用于电力的生产、输送、分配、储存与使用中的电能质量技术和管理的有关领域。

二、GB/T 12325—2008

供电电压偏差是电能质量的一项基本指标。合理确定该偏差对于电气设备的制造和运行，电力系统安全和经济都有重要意义。允许的电压偏差较小，有利于供用电设备的安全和经济运行，但为此要改进电网结构，增加无功电源和调压装备，同时要尽量调整用户的负荷。

供用电设备的允许电压偏差也反映了设备的设计原则和制造水平。允许电压偏差大，要求设备对电压水平变化的适应性强，这需要提高产品性能，往往要增加设备的投资。对于一般电工设备，电压偏差超出其设计范围时，其直接影响是运行性能恶化，并会影响其使用寿命，甚至使设备在短时内损坏；其间接影响是可能波及相应的产品生产质量和数量。

GB/T 12325—2008 分别就 35kV 及以上、20kV 及以下三相供电、220V 单相供电电压允许偏差作了规定。35kV 及以上供电电压正、负偏差的绝对值之和不超过额定电压的 10%；20kV 及以下三相供电电压允许偏差为额定电压的±7%；220V 单相供电电压允许偏差为额定电压的 7%、−10%。

GB/T 12325—2008 中供电点是指供电部门与用户的产权分界处或由供用电协议规定的电能计量点。电能作为一种商品，其质量宜在供用电双方交接处进行检验，而用户内部电网及布线的设计和运行由用户负责。这样的规定，有利于使供用电双方为保证电压质量共同承担责任和共同采取措施。个别情况下，用户的用电负荷大小也会明显影响供电电压水平，这可以在供用电协议中特殊处理。

GB/T 12325—2008 是 GB 12325—2003 的修订版，是根据用电设备对电压偏差的要求，并参考国际上相关的标准和我国电力系统电压偏差的实际状况而制订的。修订时主要考虑了如下因素：

（1）第 4.1 条规定，35kV 及以上供电电压正、负偏差绝对值之和不超过标称电压的 10%。如供电电压上下偏差同号（均为正或负）时，取较大的偏差绝对值作为衡量依据。这就是说，对每一个供电点，其电压偏差的波动范围不超过标称电压的 10%。这意味着对整个电力系统而言，其供电电压不应高于标称电压的 110%，也不应低于标称电压的 90%。这条标准对电压偏差的要求实际上比 IEC 规定±10%的要求更严格。

（2）35kV 及以上供电电压一般没有直接用电设备，均接用降压变压器，因此合理选择用户降压变压器的分接头位置，可以起到一定的调压作用。降压变压器一次侧均设有分接开关，若选用无载调压变压器，其调压范围为±5%或±2×2.5%。配置分接开关就是为了适应电力网中不同位置和不同运行方式的需要。本标准是针对电压水平的变化，而一般电压水平日变化在 10%范围内，分接开关只要位置合适就可以不调整。

（3）把不同位置供电点总的电压偏差限定为±10%，可以适应高压电网输送电能的需要。

（4）第 4.2 条规定，20kV 及以下三相供电电压偏差为标称电压的±7%。该条规定是针对直接从电网受电的用户而制订的，特别是和用户的电动机运行直接相关。

另外，第 4.4 条规定，当电网条件较差或用户对电压偏差要求较严时，可作为特殊用户，由供用电双方订立协议，采取特殊措施解决。

（5）第 4.3 条规定，220V 单相用户的供电电压允许偏差为标称电压的 7%、−10%。这条规定严于 IEC 的标准，其正偏差比 IEC 标准少 3 个百分点，负偏差相同。

三、GB/T 12326—2008

为了控制电压波动和闪变的危害，我国早在 1990 年就颁布了国家标准 GB 12326—

1990。该标准实施以来，对于控制电网的电压波动和闪变起到了十分重要的作用，推动了相应治理技术的开发以及相关仪器的研制工作。历年来，在贯彻标准中积累了相当的经验，同时也发现原标准中存在一些问题，例如标准中缺乏对干扰源指标的预测计算以及分配办法；标准中的“闪变”指标是基于日本的10Hz等效闪变值（ΔV_{10}）制定的。日本的照明电压为100V，而我国照明电压为220V，和欧洲国家接近，而欧洲国家都采用IEC标准。IEC标准中用短时间闪变值P_{st}和长时间闪变值P_{lt}来衡量“闪变”，其使用的广泛性大于ΔV_{10}。2008年修订的国标GB/T 12326—2008，于2009年5月1日起实施。

GB/T 12326—2008适用于电力系统正常运行方式下，由冲击性负荷引起的公共连接点电压的快速变动及由此可能引起人对灯闪明显感觉的场合；标准规定了电压波动和闪变的限值及测试、计算和评估方法。

（1）电压波动和闪变的限值。第4条规定的电压波动限值和变动频度r及电压等级有关，电压波动限值见表2-6。这些规定主要引自IEC 61000-3-7：1996（GB/Z 17625.5—2000）。

表2-6　　电压波动限值

r/h^{-1}	$d/\%$		r/h^{-1}	$d/\%$	
	LV、MV	HV		LV、MV	HV
$r\leqslant1$	4	3	$10<r\leqslant100$	2*	1.5*
$1<r\leqslant10$	3	2.5	$100<r\leqslant1000$	1.25	1

注：1. 对于很少的变动频度r（每日少于1次），电压变动限值d还可以放宽，但不在本标准中规定。
2. 对于随机性不规则的电压波动，依95%概率大值衡量，表中标有“*”的值为其限值。
3. 本标准中系统标称电压U_N等级按以下划分：
低压（LV）：$U_N\leqslant1kV$
中压（MV）：$1kV<U_N\leqslant35kV$
高压（HV）：$35kV<U_N\leqslant220kV$
4. 220kV以上系统的电压波动限值可参考高压（HV）执行。

本标准第5.1条规定，由波动负荷引起的长时间闪变值P_{lt}应满足表2-7所列的限值。

表2-7　　长时间闪变值P_{lt}

系统电压等级	LV	MV	HV
P_{lt}	1	0.8	0.8

注：本标准中P_{lt}每次测量周期取为2h。

对于表2-6、表2-7的限值，标准规定的衡量点为电网的PCC，并不是用户或设备的入口处。由于P_{lt}的测量时间较长（2h），故应考虑高一级电压对下一级电网的闪变传递，以及同级闪变源的叠加效应。前者在表2-7限值中已有体现（110kV以上的限值较严）；后者将在冲击性负荷限值规定中处理。

(2) 对冲击性负荷限值规定。

GB/T 12326—2008 标准规定，对每个用户的闪变限值，要根据其协议用电容量占供电容量的比例以及电压等级，划成三级作不同的处理。

1) 第一级是针对量大面广的小容量用户，规定了可以不经闪变核算允许接入电网的条件。$P_{lt}<0.25$ 的单个波动负荷用户和高压用户，需满足 $\Delta S/S_{sc}<0.1\%$；中、低压用户冲击性负荷限值见表 2-8。

表 2-8　　中、低压用户冲击性负荷限值

$r/\min^{-1}$	$k=(\Delta S/S_{sc})_{max}/\%$	$r/\min^{-1}$	$k=(\Delta S/S_{sc})_{max}/\%$
$r<10$	0.4	$200<r$	0.1
$10\leqslant r\leqslant 200$	0.2		

注：1. 表中 ΔS 为波动负荷视在功率的变动；S_{sc}为 PCC 短路容量。
2. 已通过 IEC 61000-3-3 和 IEC 61000-3-5 的低压设备均视为满足第一级规定。

2) 第二级按用户的协议用电容量占供电容量比例，且考虑上一级电网对下一级电网闪变传递系数（取为 0.8）以及波动负荷的同时系数（取 0.2～0.3），求出用户的闪变限值；应注意，用实测核对用户是否超标时，应将背景闪变值扣除。

3) 第三级规定了超过第二级限值的用户（只限于经过治理仍超标的用户）以及过高背景闪变水平的处理原则。如背景水平已接近表 2-7 的限值，则应适当减小分配的指标，研究采用补偿措施的可能性，最终使电网的电压波动和闪变水平控制在表 2-6、表 2-7 限值之内。

(3) 电压波动的计算及闪变的叠加和传递。第 6 条给出单相和三相冲击负荷引起的电压波动实用计算公式；第 8 条给出同一母线上多个波动负荷引起的闪变叠加计算公式和电网中闪变传递的简化分析方法；对于高压系统中供电容量的确定也提供了估算方法（见附录 B）。

四、GB/T 14549—1993

1993 年 7 月 31 日国家技术监督局颁布了 GB/T 14549—1993，并于 1994 年 3 月 1 日实施。该标准规定了公用电网谐波的允许值及其测试方法，适用于交流额定频率为 50Hz、标准电压 110kV 及以下的公用电网，220kV 及以上的公用电网可参照 110kV 执行。该标准不适用于暂态现象和短时间谐波。

(1) 低压电网电压总谐波畸变率限值。低压电网电压总谐波畸变率是确定中压和高压电网电压总谐波畸变率的基础，GB/T 14549—1993 中对其限值定为 5%，主要是根据对交流感应电动机的发热、电容器的过电压和过电流能力、电子计算机、固态继电保护及远动装置对电源电压的要求，并参考了国外谐波标准的规定。

(2) 6～220kV 各级电网电压总的谐波畸变率。采用典型的供电系统，需要考虑上一级电网谐波电压对下一级的传递（传递系数取 0.8）。当低压电网总谐波畸变率为 5% 时，随着电压等级的提高，各级电压总谐波畸变率逐渐减小。具体为：6kV 和 10kV 约为 4%；35kV 和 66kV 约为 3%；110kV 为 1.5%～1.8%。考虑到电网的实际谐波状况，将110kV的标准定为2%，其余各级标准取上列计算近似值。至于各次谐波电压含有率的限值，本标准大体上分为奇次谐波和偶次谐波两大类，后者为前者的1/2，而奇次谐波电压含有率限值均取80%电压总谐波畸变率。必须指出，谐波电压以相电压中含量为准。

(3) 用户注入电网的谐波电流允许值。分配给用户的谐波电流允许值应保证各级电网谐波电压在限值之内。影响各级电网谐波电压的主要因素有本级谐波源负荷产生的谐波；上一级电网谐波电压对本级的传递（即渗透）；各谐波源同次谐波的相量合成。一般忽略下一级电网谐波电压对上一级的传递，这是因为按短路容量比较，可以近似认为上一级电网的谐波阻抗远小于下一级电网的谐波阻抗。

在本标准中，根据典型网络研究，PCC的全部用户向该点注入的谐波电流分量(方均根值）不应超过表2-9的谐波电流限值。当PCC处的最小短路容量不同于基准短路容量时，表2-9中的谐波电流允许值按照实际短路容量与基准短路容量的比值调整，见本标准附录B。

表2-9　　谐波电流限值　　单位：A

标准电压/kV	基准短路容量/MVA	谐波次数											
		2	3	4	5	6	7	8	9	10	11	12	13
0.38	10	78	62	39	62	26	44	19	21	16	28	13	24
6	100	43	34	21	34	14	24	11	11	8.5	16	7.1	13
10	100	26	20	13	20	8.5	15	6.4	6.8	5.1	9.3	4.3	7.9
35	250	15	12	7.7	12	5.1	8.8	3.8	4.1	3.1	5.6	2.6	4.7
66	500	16	13	8.1	13	5.4	9.3	4.1	4.3	3.3	5.9	2.7	5.0
110	750	12	9.6	6.0	9.6	4.0	6.8	3.0	3.2	2.4	4.3	2.0	3.7

标准电压/kV	基准短路容量/MVA	谐波次数											
		14	15	16	17	18	19	20	21	22	23	24	25
0.38	10	11	12	9.7	18	8.6	16	7.8	8.9	7.1	14	6.5	12
6	100	6.1	6.8	5.3	10	4.7	9.0	4.3	4.9	3.9	7.4	3.6	6.8
10	100	3.7	4.1	3.2	6.0	2.8	5.4	2.6	2.9	2.3	4.5	2.1	4.1
35	250	2.2	2.5	1.9	3.6	1.7	3.2	1.5	1.8	1.4	2.7	1.3	2.5
66	500	2.3	2.6	2.0	3.8	1.8	3.4	1.6	1.9	1.5	2.8	1.4	2.6
110	750	1.7	1.9	1.5	2.8	1.3	2.5	1.2	1.4	1.1	2.1	1.0	1.9

五、GB/T 15543—2008

电力系统三相电压平衡程度是电能质量的主要指标之一。三相电压不平衡过大将导致一系列危害。GB/T 15543—2008是针对高压电力系统正常工况下电压不平衡而制定的。这种电压不平衡主要是由三相负荷不对称引起的。电气化铁路、交流电弧炉、电焊机和单相负荷等均是三相不对称负荷。

（1）适用范围。本标准定了三相电压不平衡度的限值、计算、测量和取值方法。本标准只适用于负序基波分量引起的电压不平衡，国际上绝大多数有关电压不平衡的标准均是针对负序分量制定的，因此本标准暂不规定零序不平衡限值。

此外，本标准只适用于电力系统正常运行方式下的电压不平衡。故障方式引起的电压不平衡不在考虑之列。

（2）电压不平衡度的允许值。第4.1条规定，电力系统PCC电压不平衡度限值为：电网正常运行时，负序电压不平衡度不超过2%，短时不得超过4%。这是基于对重要用电设备（旋转电机）标准、电网电压不平衡度的实况调研，国外同类标准以及电磁兼容标准全面分析后选取的。

作为电能质量指标的电压不平衡度，在空间和时间上均处于动态变化之中，从整体上表现出统计的特性，因此本标准规定用95%概率大值作为衡量值。但过大的“非正常值”时间虽短，也会对电网和用电设备造成有害的干扰，特别是对有负序启动元件的快速动作继电保护和自动装置，容易引起误动。因此本标准对最大允许值作了“短时不得超过4%”的规定。

第4.2条规定“接于公共连接点的每个用户引起的该点负序电压不平衡度允许值一般为1.3%，短时不超过2.6%”。这是参考了国外相关规定，并考虑到不平衡负荷是电网中少数特殊负荷而定的。但实际情况千差万别，因此，还规定“根据连接点的负荷状况以及邻近发电机、继电保护和自动装置安全运行要求，该允许值可作适当变动”。为了使时间概念更为明确，本标准引用了GB/T 32507—2016中关于“瞬时”“暂时”和“短时”的定义，其中“短时”时间范围为3s～1min。

六、GB/T 24337—2009

本标准是首先把间谐波作为电能质量指标单独制定的国家标准。

本标准内容相对较为完整，除了常规的必须内容（如范围、规范性引用文件、术语和定义、限值等）外，还对用户限值的分配、间谐波的合成、测量条件、评估和测量仪器等做了规定。

（1）限值的考虑。间谐波的限值标准主要参考IEC和IEEE相关标准中的规定。

1）IEC 61000-2-2：1990（GB/T 18039.3—2003）指出，涉及间谐波电压的电磁扰动问题仍在探讨中，只对基波频率（50Hz或60Hz）附近的间谐波电压导致供电电压幅值调制的情况给出标准的兼容水平。由于拍频效应（注：拍频就是两个合成电压频率之差），这些间谐波引起电源幅值的波动将导致照明的闪变。

2）IEC 61000-2-4：1994（GB/T 18039.4—2003）将电磁环境分为3类：第1类适用于对电源中扰动很敏感的设备（例如实验室仪器、某些自动控制和保护设备及计算机等）；第2类一般适用于公用电网和工业环境；第3类仅适用于工业环境中扰动负载的内部耦合点，兼容水平高于第2类。该标准指出，目前兼容水平只是对工频（50Hz）附近导致供电电压幅值调制的间谐波电压给出的，主要考虑拍频效应导致的灯光闪烁，即电压波动引起的闪变，适用于第2类环境。因此对于低次间谐波兼容水平由闪变要求决定。

3）IEC 61000-3-6：2008是2008年版的IEC技术报告，该报告考虑了间谐波的以下影响后认为间谐波的规划水平应取0.2%～0.5%：在两倍基波频率（100Hz）以下，避免白炽灯和荧光灯（细管）的闪烁；避免对纹波控制接收机的干扰；避免引起电视机、感应电机和低频继电器的噪声和振动；避免无线电接收机和其他音频设备引起的噪声。

该报告特别指出要严格限制次谐波电流流入汽轮发电机组引起轴的扭矩作用以免造成机械振荡（0.1%的次谐波电流就足以引起这种振荡），为此必须和发电机组制造商协商确定特定频率的间谐波电压限值。

4）IEEE间谐波工作组文件中对限值提出一些建议，例如：低于140Hz的间谐波限值取0.2%；140Hz以上到某一频率（例如800Hz，待定）间谐波限值取1%；对于更高频率的间谐波电压分量和总畸变为现有谐波限值的某一百分数（例如20%）。

综上所述，间谐波问题尚在探讨中，国际上标准未统一。在参考了相关规定的基础上，GB/T 24337—2009中的220kV及以下电力系统公共连接点各次间谐波电压含有率限值见表2-10。表2-10中将1kV以上的标准取的比1kV及以下小一点，主要考虑高压（1kV以上）对低压（1kV及以下）的渗透作用，高压的影响面较大，限值应适当严一点。

表2-10　220kV及以下电力系统公共连接点各次间谐波电压含有率限值

电压等级	频率	
	<100Hz	100～800Hz
1kV及以下	0.2%	0.5%
1kV以上	0.16%	0.4%

接于PCC点的单一用户引起的各次间谐波电压含有率限值一般不超过表2-11所列。根据连接点的负荷状况，此限值可以适当变动，但必须满足表2-10的规定。

表2-11　单一用户引起的各次间谐波电压含有率限值

电压等级	频率	
	<100Hz	100～800Hz
1kV及以下	0.16%	0.4%
1kV以上	0.13%	0.32%

（2）间谐波的测量和取值。间谐波的基本分析工具仍是傅里叶变换。在分析周期性波形时，将分析时间与基波波形周期同步没有问题。然而进行间谐波分析时，由于间谐波分量的频率不是基波频率的整数倍，往往随时间变化，而且含量非常小，还难以预知其傅里叶基波频率，因此采用一种基于所谓“集”（grouping）概念的间谐波测量方法。它的基础是一个等于10个基波频率（50Hz）的周波，即在约200ms的时间窗口内进行傅里叶分析。

七、GB/T 15945—2008

GB/T 15945—2008 于 2007 年 12 月由全国电压电流等级和频率标准化技术委员会审查通过经国家质量监督检验检疫总局和国家标准化管理委员会批准发布（2008 年 6 月 18 日发布，2009 年 5 月 1 日实施），取代 GB/T 15945—1995。

第 3.1 条规定，电力系统正常运行条件下频率偏差限值为±0.2Hz。当系统容量较小时偏差限值可以放宽到±0.5Hz。

第 3.2 条和附录 A 还规定：用户冲击负荷引起的系统频率偏差变化不得超过±0.2Hz。在保证近区电网、发电机组的安全、稳定运行和用户正常供电的情况下，可以根据冲击负荷的性质和大小以及系统的条件适当变动限值。

GB/T 15945—2008 主要基于以下考虑：

(1) 在规定频率范围内能保证电力系统、发电厂和用户的安全和正常运行。需指出，本标准规定的频率偏差范围只是针对电气设备本身而言，如果考虑频率的累积效应，频率偏差越小越好。

(2) 1996 年，当时的电力工业部颁布的《供电营业规则》规定，供电频率在电力系统正常状况下，供电频率的允许偏差为：电网装机容量在 300 万 kW 及以上的，为±0.2Hz；电网装机容量在 300 万 kW 以下的，为±0.5Hz。在电力系统非正常状况下，供电频率允许偏差不应超过±1Hz。

(3) 2005 年《国家电网公司电力生产事故调查规程》中关于“电网一般事故”的规定为 3000MW 及以上电力系统频率偏差超出 50±0.2Hz 且持续 30min 以上，或频率偏差超出（50±0.5)Hz 且持续 15min 以上；3000MW 以下电力系统频率偏差超出（50±0.5)Hz 且持续 30min 以上，或频率偏差超出（50±1)Hz 且持续 15min 以上。

(4) IEC 61000-2-2：2002 中关于公共供电系统电磁兼容水平的内容规定短时频率偏差为±1Hz；同时指出，实际系统中短时频率偏差要远远小于 1Hz。

(5) 大小电网划分以装机容量 3000MW 为界，这个规定在我国电力部门已存在几十年，给电网频率考核指标的确定带来方便，但考虑到调频技术的发展，系统结构和运行方式的多样性，这个规定还缺乏充分的依据，因本标准中并未采用。

(6) 频率偏差是业内控的一个指标，并不直接面向用户。

八、GB/T 18481—2001

暂时过电压是指在电网给定点上持续时间较长的不衰减和弱衰减（以工频或其一定的倍数或分数的频率）的振荡过电压。瞬态过电压是指持续时间数毫秒或更短、通常带有强阻尼的振荡或非振荡的过电压。它可以叠加于暂时过电压上。

暂时过电压和瞬态过电压是由于电力系统运行操作、受雷击、发生故障等原因引起的，是供电特性之一。GB/T 18481—2001 规定了作用于电气设备的暂时过电压和瞬态过电压的要求、电气设备的绝缘水平及过电压保护方法，并对过电压的相关术语、定义做了比较详尽的论述。

(1) 适用范围。GB/T 18481—2001 规定了暂时过电压和瞬态过电压要求。由于暂时过电压和瞬态过电压主要和电气设备绝缘选择有关，也和所采用的保护方法有关，因此将本标准的范围限定在“交流电力系统中作用于电气设备的暂时过电压和瞬态电压要求、电气设备的绝缘水平，以及过电压保护方法”。标准中将属于其他原因如静电、触及高压系统以及稳态波形畸变（谐波）造成的过电压排除在外。

（2）系统或设备按照最高电压的范围划分。《高压输变电设备的绝缘配合》（GB 311.1—1997）中将高压输变电设备按最高电压 U_m 分为两个范围：①$1kV < U_m \leqslant 252kV$；②$U_m > 252kV$。而低压设备，在各种标准中均规定为额定电压不超过1000V。将 U_m 作这样的划分，和过电压及绝缘配合上的考虑有关，这从GB/T 18481—2001附录表A1、表A2中可以看出。

（3）电气设备上作用的过电压及其要求。关于电气设备上作用的过电压及其要求的条款是标准的核心内容，分6大条18小条，分别对过电压分类、过电压的标幺值、暂时过电压（工频过电压、谐振过电压）、瞬态过电压（操作过电压、雷电过电压）等作了相关的规定（包括产生原因、正常数值范围及特点），并对运行中监测各类过电压提出了原则性要求。最后对电气设备（装置）在过电压作用下运行安全性的影响因素作了概括，有助于对标准各部分关系的理解，以利于标准的正确贯彻执行。

九、GB/T 30137—2013

GB/T 30137—2013在我国属于首次制定，编制时综合了IEC和IEEE等国际组织的相关规定，参考了国内外较为成熟的研究成果，并结合了我国电压暂降工作开展的实际情况。

（1）术语与定义的确定。对于电压暂降，IEEE用语为voltage sag，IEC用语为voltage dip。在我国全国电工术语标准化技术委员会组织的国家标准“发电、输电及配电领域的运行术语”审查会议上，专家们认为将IEC标准中的“voltage dip”翻译为“电压暂降”比较合适，故本标准中采用“电压暂降”来描述此类现象。

IEC通常将电压方均根值下降到标称值的1%～90%的短时电压变动现象归为电压暂降，而IEEE定义电压暂降幅值为标称值的10%～90%。在实际操作中，由于测量误差，1%标称电压值难以被准确检测，故本标准选取电压暂降幅值为0.1～0.9pu。

电压暂降的持续时间在IEC和IEEE标准中有不同的定义。IEC对电压暂降持续时间未做确切规定，但认为短时中断可长达3min；IEEE Std 1250—1995中定义电压中断持续时间为0.5周波至2min：IEEE Std 1159—1995中定义电压暂降持续时间为0.5周波至1min。由于在实际运行中，超过1min的电压暂降事件发生很少，故引用IEEE Std 1159—1995中对电压暂降持续时间的规定。

本标准中选择了IEEE中的电压暂降幅值范围（0.1～0.9pu），故本标准相应选择IEEE的短时中断定义方式，即“在多相系统中，一相或多相电压低于0.1pu时，短时中断发生，当所有相电压恢复时，短时中断结束”。

（2）限值。目前，国内外对电压暂降与短时中断的事件统计数据较缺乏，实际上这也难以给出统一的限值，故具体限值不予给定。本标准中给出了电压暂降与短时中断的事件统计表形式，可以更全面和规范地进行事件统计数据的收集工作。虽然本标准中并未提供电压暂降与短时中断的具体限值，但供用电双方可通过协商签订相应的供用电合同，合同中可针对本标准中的事件统计表与推荐指标，明确具体限值和发生频次等。

（3）事件统计及其推荐指标。本标准采用修正的IEC 61000－2－8推荐表，将起始值由1周期改为0.5周期，即0.01s，并只统计1min内的事件，同时考虑了对短时中断的统计。表征电压暂降的特征量主要为有效值变化及电压暂降持续时间，因此衡量电压暂降的指标主要采用SARFI指数。它有两种形式：一种是针对某一阈值电压的统计指数SARFI；另一种是针对某一设备敏感曲线的统计指数SARFI（curve）。

SARFI（curve）指数是以电压容许曲线为基准，统计低于电压容许曲线下限或高于其上限的事件发生频率。敏感设备电压容限曲线由用户，尤其是敏感设备制造商绘制，目前广泛使用的电压容限曲线有CBEMA曲线（后改为ITIC曲线）和SEMI曲线。以不同敏感曲线为基准对应不同的SARFI指数，如SARFIITIC、SARFISEMI。SARFlx是针对某一限值电压X％的统计指标，SARFI指数是针对某类敏感设备的容限曲线的统计指标，从敏感设备可承受的暂态电能质量事件角度对电能质量进行评估。

（4）附录。本标准有两个资料性的附录：附录A为容限曲线内容，分别引入美国CBEMA、ITIC和SEMIF47曲线，这些曲线可作为判断电压暂降事件对计算机及其控制装置、半导体加工生产线等敏感性负荷危害的参考，目前在国际上广为流传，其中ITIC曲线是CBEMA曲线的改进版，使用更为方便。

本标准附录B为临界距离与暂降域内容，临界距离即是通过系统计算分析，从电压暂降幅值确定暂降发生时敏感负荷可能受到影响的范围。

由本标准附录B可以看出，对于辐射状配电系统，临界距离计算较为简单，而对非辐射状配电系统，要根据网络结构推导相应的临界距离计算公式，计算较为复杂。将敏感负荷所在母线的所有馈电线上与设定临界电压对应的各临界距离点连接起来，可得到与所设定临界电压相对应的暂降域。但采用临界距离方法确定暂降域总体上虽然计算简单，但仅考虑了暂降幅值的影响，而未计及暂降持续时间、暂降频次等特征量的影响。

本标准附录B中简单介绍了故障点法确定暂降域的方法。该方法概要如下：

1）确定系统中可能发生短路的区域。

2）为减少盲目性，在选取故障点前，先用临界电压算出临界距离，在临界距离内，结合系统结构及保护设定情况，对暂降的可能持续时间进行估计。

3）将短路区域分成小区域。在一个小区域内，短路造成的电压暂降有相似特性（主要指暂降幅值和持续时间）；在系统的电路模型中，每个小区域用一个故障点代表。

4）对于每个故障点确定短路频次。短路频次就是故障点所代表的系统小区域中每年短路故障的次数，这主要取决于元件（设备、线路等）可靠性和历年故障统计资料。

5）对于每个故障点，利用电力系统电路模型计算暂降特性，根据计算工具和需计算的特性，可以选用任一系统模型和计算方法。

6）将暂降特性和发生频次相结合，得到一定特性范围内暂降次数的信息，从而较全面地判断可能带给相关负荷不良影响的故障区域，即暂降域。暂降域的仿真计算及分析对减小电压暂降的危害有指导意义，例如在确定系统运行方式设定保护配置和定值以及敏感负荷接入电网相应的技术措施等方面。

（5）标准的执行。对于本标准的执行，应考虑如下因素：

1）电压暂降是一项重要的电能质量指标，涉及一批高新技术企业或用户的供电可靠性和技术经济效益，应予足够重视。

2）电压暂降的发生往往带有随机性、偶发性（从时间、地点和故障性质看），其发生频度与电网结构、地理气象条件、运行维护水平等因素有关，其影响大小与用电负荷性质和工况有关，因此很难提出一个统一的控制指标，各电网只有在长期监测、统计基础上，根据具体用户提出协议控制指标。

3）电压暂降不仅取决于公用电网，也和用户内部电网有关，还和用电负荷性质（承受暂降的能力以及对电网产生的冲击影响）有关，因此减小暂降的危害需要供用电双方共同努力。

第四节　小　结

本章简单介绍了国际上的一些电能质量标准，详细介绍了我国现有的 9 个电能质量国家标准。本文所介绍的内容是对标准的摘录和解读，若存在与标准理解上有歧义的内容，以标准为准。

电能质量标准是电能质量工作的依据和指南，所有的电能质量工作都不能与标准相悖，若因实际工作需要，在指标和限值与标准存在差别的场合，要额外注明原因。

第三章 电能质量事件成因及传播特性

第一节 电能质量事件成因

电能质量问题的成因非常复杂，同一原因可能造成不同类型的电能质量问题，而同一种电能质量问题，也可能是由于各种不同的原因导致。本节按照电能质量问题的类型，分别简述其成因。

一、电力系统频率偏差的成因

众所周知，系统负荷功率总需求（包括电能传输环节的损耗）与系统电源的总供给相平衡时，才能维持所有发电机组转速的恒定，即保证系统频率稳定。但是，电力系统中的负荷以及发电机组的出力随时都在变化。当发电机与负荷间出现有功功率不平衡时，系统频率就会产生变动，出现频率偏差。

频率偏差的大小及其持续时间取决于负荷特性和发电机控制系统对负荷变化的响应能力。在任意时刻，如果系统中所有发电机的总输出有功功率大于系统负荷对有功功率的总需求（包括电能传输环节的全部有功损耗），那么，系统频率上升，频率偏差为正；反之，如果系统中所有发电机的总输出有功功率小于系统负荷对有功功率的总需求，系统频率则下降，频率偏差为负。只有在发电机的总输出有功功率等于系统负荷对有功功率总需求的时候，系统的实际频率才是标称频率，频率偏差才为零。电力系统的大事故，如大面积甩负荷、大容量发电设备退出运行等，会加剧电力系统有功功率的不平衡，使系统频率偏差超出允许的极限范围。

总之，系统有功功率不平衡是产生频率偏差的根本原因。

二、公共电网间谐波的成因

分析公共电网间谐波的主要成因，主要由波动负载、感应电动机、变频调速装置、电弧类负载和同步串级调速装置等产生。

1. 波动负载

在实际运行中，许多负载的电流幅值、相位或波形是变化的，其并非为周期性的正弦分量，无法由传统的傅里叶分析理论分解出整数次的谐波。此类间谐波问题的来源有很多，例如通过风力发电机组、通过分布式电源等。波动负荷在接入电网时应该按照相关标准通过评估，以保证必要的电能质量。

2. 感应电动机

低压电网中的间谐波现象，大部分是由于铁芯饱和，进而使感应电动机的定子和转子线槽中的磁化电流产生了不规则变化导致的。电机在正常转速下，其干扰频率一般为500～2000Hz，在启动时期，频率范围会变宽，尤其当低压架空线长度较长时，在其末端会达到1%的间谐波含量，从而致使电网受到干扰。

3. 变频调速装置

交流调速装置因其调速性能好以及调速范围不受限等特点，受到广泛应用。交流调速装置电流中往往含有间谐波分量。

4. 电弧类负载

工业电弧炉、电弧炉焊机等都属于电弧类负载。电弧具有高度非线性的伏安特性，因此会产生间谐波问题，进而污染电网电能质量。

5. 同步串级调速装置

低同步串级调速装置的基本原理是将一整流器加入到转子回路中，由直流功率取代转差功率，再利用逆变器将其回馈于电网中，改变转差功率，进而实现调速。低同步串级调速装置主要应用于绕线式异步电动机当中，属于电流型交流-直流-交流装置。此调速方式虽然具有很多优点，例如损耗小、调速范围宽等，却会在逆变器和定子回路中产生谐波及间谐波电流。

三、电力系统三相电压不平衡的成因

电力系统三相不平衡可以分为事故性不平衡和正常性不平衡两大类。事故性不平衡由系统中各种非对称性故障引起，例如单相接地短路、两相接地短路或两相相间短路等。事故性不平衡一般需要保护装置切除故障元件，经故障处理后才能重新恢复系统运行。正常性不平衡是在电力系统在正常运行方式下，供电环节的不平衡或用电环节的不平衡导致的电力系统三相不平衡。

电力系统是由发电、输电、配电和用电各个环节组成的统一整体，其中发电、输电和配电也称为供电环节。供电环节所涉及的三相元件主要有发电机、变压器和线路等。由于三相发电机、变压器等设备通常具有良好的对称性，因此供电系统的不平衡主要来自于供电线路的不平衡，其中：当线路的各相阻抗和导纳分别相等时，称该线路处于平衡状态；反之，线路处于不平衡状态。

一般而言，输电线路的电抗远远大于电阻，因此常常忽略输电线路的电阻。通常三相线路的对地导纳近似相等，因此三相电抗相等与否直接决定了供电线路平衡与否。对于中性点不接地配电系统中的短距离线路而言，其三相导线多采用水平或垂直排列方式。由于在该排列方式中中间相导线的等值电容往往小于其余两相的等值电容，因线供电线路中间相导线的导纳高于其余两相的导纳，最终导致供电线路处于不平衡状态。

用电环节的不平衡是指系统中三相负荷不对称和事故引起的系统三相不平衡。三相负荷不对称是系统三相不平衡的最主要因素。产生三相负荷不对称的主要原因是单相大容量负荷（如电气化铁路、电弧炉和电焊机等）在三相系统中的容量和电气位置分布不合理。配电网中的三相不平衡原因主要有：

1. 断线故障

如果一相断线但未接地，或断路器、隔离开关一相未接通，电压互感器保险丝熔断均会造成三相参数不对称。上一电压等级线路一相断线时，下一电压等级的电压表现为三个相电压都降低，其中一相较低，另外两相较高但两者电压值接近。本级线路断线时，断线相电压为零，未断线相电压仍为相电压。

2. 谐振引起三相电压不平衡

（1）基频谐振。基频谐振的特征类似于单相接地，即一相电压降低，另两相电压升高，查找故障原因时不易找到故障点，此时可检查特殊用户，若不是接地原因，可能就是谐振引起的。

（2）分频谐振和高频谐振。谐振频率低于基波频率的谐振被称为分频谐振，谐振频率高于基波频率的被称为高频谐振。分频谐振和高频谐振的特征是三相电压同时升高。

（3）接地故障。当线路一相断线并单相接地时，虽会引起三相电压不平衡，但接地后线电压值不改变。单相接地分为金属性接地和非金属性接地两种。金属性接地，故障相电压为零或接近零，非故障相电压升高 1.732 倍，且持久不变；非金属性接地，接地相电压不为零而是降低为某一数值，其他两相升高不到 1.732 倍。

（4）用电负荷的波动。用电负荷总量上和时间上的不确定和不集中性使得用电负荷不得不跟随实际情况而变化。

（5）三相负荷的不合理分配。很多装表接电的工作人员缺乏三相负荷平衡的专业知识，因此在接电的时候并没有注意到要控制三相负荷平衡，只是盲目和随意地进行装表和接电，这在很大程度上造成了三相负荷的不平衡。

四、供电电压偏差的成因

电力系统中的负荷以及发电机组的出力随时发生变化，网络结构随着运行方式的改变而改变，系统故障等因素都将引起电力系统功率的不平衡。系统无功功率不平衡是引起系统电压偏离标称值的根本原因。

电力系统的无功功率平衡是指：在系统运行的任何时刻，无功电源供给的无功功率与系统需求的无功功率相等。系统无功功率不平衡意味着将有大量的无功功率流经供电线路和变压器。由于线路和变压器中存在阻抗，会造成线路和变压器首末端电压出现差值。

供配电网络结构的不合理也会导致电压偏差。供配电线路输送距离过长，输送容量过大，导线截面过小等因素都会加大线路的电压损失，从而产生电压偏差。为此，我国对不同电压等级的供配电线路规定了合理的输送距离和输送容量，见表 3-1。

表 3-1　　不同电压等级供配电线路的合理输送距离和输送容量

线路电压/kV	线路种类	输送容量/kV	输送距离/km
0.23	架空线路	<50	0.15
0.23	电缆线路	<100	0.2
0.40	架空线路	100	0.25
0.40	电缆线路	175	0.35
6	架空线路	2000	3～10
6	电缆线路	3000	<8
10	架空线路	3000	5～15
10	电缆线路	5000	<10
35	架空线路	2000～10000	20～50
66	架空线路	3500～30000	30～100
110	架空线路	10000～50000	50～150
220	架空线路	100000～500000	200～300

五、暂态过电压和瞬态过电压的成因

电力系统中的暂态过电压和瞬态过电压按照成因分类，分为外部原因导致的过电压和内部原因导致的过电压两种。

外部原因导致的过电压，又称雷电过电压、大气过电压，是由大气中的雷云对地面放电而引起的，持续时间约为几十微秒，具有脉冲的特性，故常称为雷电冲击波。雷电过电压分直击雷过电压和感应雷过电压两种。直击雷过电压是雷闪直接击中电工设备导电部分时出现的过电压。雷闪击中带电的导体，如架空输电线路导线等，称为直接雷击。雷闪击中正常情况下处于接地状态的导体，如输电线路铁塔，使其电位升高以后又对带电导体放电的现象称为反击。直击雷过电压幅值可达上百万伏，会破坏电工设施绝缘，引起短路接地故障。感应雷过电压是雷闪击中电工设备附近地面，在放电过程中由于空间电磁场的急剧变化而使未直接遭受雷击的电工设备（包括二次设备、通信设备）上感应出的过电压。因此，架空输电线路需架设避雷线和接地装置等进行防护。通常用线路耐雷水平和雷击跳闸率表示输电线路的防雷能力。

内部原因导致的过电压是指电力系统内部运行方式发生改变而引起的过电压。有工频过电压、操作过电压和谐振过电压。

工频过电压是由于断路器操作或发生短路故障，使电力系统经历过渡过程以后重新达到某种暂时稳定的情况下所出现的过电压。常见的有：空载长线电容效应，即在工频电源作用下，由于远距离空载线路电容效应的积累，使沿线电压分布不等，末端电压最高；不对称短路接地，三相输电线路 a 相短路接地故障时，b 相、c 相上的电压会升高；甩负荷过电压，输电线路因发生故障而被迫突然甩掉负荷时，由于电源电动势尚未及时自动调节而引起的过电压。

操作过电压是由于进行断路器操作或发生突然短路而引起的衰减较快、持续时间较

短的过电压，常见的有空载线路合闸和重合闸过电压；切除空载线路过电压；切断空载变压器过电压；弧光接地过电压。

谐振过电压是电力系统中电感、电容等储能元件在某些接线方式下与电源频率发生谐振所造成的过电压。一般按起因分为线性谐振过电压、铁磁谐振过电压、参量谐振过电压。

暂态过电压和瞬态过电压的成因在电力系统中很常见，且无法避免，因此，运行中的电力设备或负荷设备必须满足暂态过电压和瞬态过电压的限值要求。

六、电压波动和闪变的成因

电压波动和闪变相互关联，但其定义不能混淆，因此对他们的成因分别论述。

1. 电压波动的成因

现代电网中电压波动大多由用户负荷的剧烈变化引起。

(1) 大型电动机启动带来的电压波动。工厂供电系统中广泛采用鼠笼型感应电动机和异步启动的同步电动机，它们的启动电流可达到额定电流的4～6倍（3000r/min的感应电动机可达到其额定电流的9～11倍）。一方面，启动和电网恢复电压时的自启动电流流经网络及变压器，在各个元件上引起附加的电压损失，使该供电系统和母线都产生快速、短时的电压波动；另一方面，启动电流不仅数值很大，且有很低的滞后功率因数，将造成更大的电压波动。

工业企业中，当重型设备的容量增大和某些生产过程功率变化非常剧烈时，电压波动值大，波及面广。例如作为轧钢机的同步电动机，单台容量国外已达到20000kW以上，工作时有功功率的冲击值达到额定容量的120%～300%，启动电流是额定电流的7倍，而且1min之内功率变化范围为14～20倍。

(2) 带有冲击负载的电动机引起的电压波动。有些机械由于生产工艺的需要，其电动机负载是冲击性的，如冲床、压力机和轧钢机等。它们的特点是负荷在工作过程中做剧增和剧减变化，并周期性地交替变更。这些机械一般采用了带飞轮的电力拖动系统。飞轮的储存能量和释放能量，拉平了电动机轴上的负荷，降低了电动机的能量损耗。但由于机械惯性较大，冲击电流依然存在，故伴随负荷周期性变化不可避免地产生电压波动。同时，利用大型可控整流装置供给剧烈变化的冲击性负荷也是产生电压波动或闪变的一个重要因素。不像具有较大惯量的机械变流机组，也不像具有快速调节励磁装置的同步电动机，它毫无阻尼和惯性，在极短的驱动和制动工作循环内，从电网吸收和向电网送出大量的无功功率，引起剧烈的电压波动。

(3) 反复短时工作负载引起的电压波动。这类负荷的特点是：负荷作周期性交替增减变化，但交替的周期不为定值，其交替的幅值也不为定值，如吊运工件的吊车、手工焊接用的交直流电焊机等。

以大型电焊设备为例，其运行会造成电压波动，但较之电弧炉，它的影响面较小。一般来说，它只对1000V以下的低压配电网有较明显的影响。

(4) 大型电弧炉运行时造成的电压波动。电弧炉在熔炼期间切断频繁，甚至在一次熔炼过程可能达到10次以上。熔炼期间升降电极、调整炉体、检查炉况等工艺环节，需要的电流很小，而炉料崩落则可在电极尖端形成短路，不同工艺环节所需电流的不同，导致剧烈的电压波动。

电弧炉冶炼的原理是：首先将废钢装入炉内、封闭炉盖、插入三相电极、接通三相工频电源，则在电极和废钢之间产生工频大电流电弧，然后利用电弧热量熔化废钢。由于废钢和电极之间存在直接电弧，随着废钢的熔化必然引起电弧长度的变化，进而导致燃弧点的移动，电弧极不稳定，电弧快速变动导致周期闪变。

电弧炉的冶炼过程可分为熔化期和冶炼期。在初始熔化期，由于炉内温度较低，电弧维持困难，电弧频繁地时燃时灭，电流是断续的。随着熔化的进行，电极逐渐下降，废钢从电极附近开始熔化，进入熔化中期。在熔化中期，废钢的熔化先从下部开始，下部废钢熔化后，上部的钢块不稳定，于是纷纷落下，引起电极端的突发短路，电弧电流出现了急剧的大幅度变化，电弧电流的变动引起了电压波动。这种由于电极短路引起的急剧变动导致非周期电压波动。熔化中期过后，炉底有了相当的钢液，电弧相对稳定，电压波动程度大大减轻。熔化完成后，进入冶炼期，边升温边加入铁矿石和氧，以便进行氧化精炼。之后，对钢渣进行还原性精炼，加石灰进行脱氧脱硫。这一时期，电弧非常稳定，电流也不变动了，电压波动基本消失。

(5) 供电系统短路电流引起的电压波动。厂矿中高、低压配电线路及电气设备发生短路故障时，若继电保护装置或断路器失灵，可能使故障持续存在，也可能造成越级跳闸。这样可能会损坏配电装置，造成大面积的停电，延长整个电网的电压波动时间并扩大波动范围。

2. 电压闪变的成因

引起电力系统闪变的原因有很多，主要可以分为三类：一是电源引起的闪变；二是负荷的切换、电动机的启动引起的闪变；三是冲击性负荷投入电网运行引起的闪变。

(1) 电源引起的闪变。电源引起的电压闪变主要是指风电机组发电时产生的闪变。这是因为风电机组的出力（输出功率）随风速变化而改变，随机性很大，造成功率的连续波动和暂态扰动，从而使电网产生电压波动和闪变。内蒙古电力科学研究院和某风力发电公司的研究结果表明，闪变的大小与风电场及网络连接点的 X/R 值有很大的关系，配电网络 X/R 值一般为0.5～10，当 X/R 值为1.75时，闪变最小。定速定桨距风电机组在高风速状态下比低风速状态下产生的闪变大得多。定速变桨距风电机组在接近额定风速时产生的闪变最大，若风速更高，则闪变会明显减弱，而且比定桨距风电机组产生的闪变要弱得多。变速风电机组产生的闪变要比定速风电机组弱，变速定桨距风电机组产生的闪变很小。

(2) 负荷的切换、电动机的启动引起的闪变。在实际工作中，许多用户的电动机根据工序要求需要不断启停，在电动机启动时，高浪涌电流和低功率因数共同作用引起闪变。电扇、泵、压缩机、空调、冰箱、电梯等属于这种负荷。

(3) 冲击性负荷投入引起的闪变。冲击性负荷的种类很多，如电弧炉、轧钢机、矿山绞车、电力机车等，这类负荷的功率都很大，达几万千瓦甚至几十万千瓦，它们具有以下共同特点：有功功率和无功功率随机地或周期地大幅度波动；有较大的无功功率，运行时的功率因数通常较低；三相负荷严重不对称；产生大量的谐波反馈入电网中，污染供电系统。因此，这些负荷运行时，电网电压不稳定，产生快速或缓慢的波动。而且，由于这些冲击性负荷的特性不同，它们产生的闪变情况也不相同。

电弧炉负荷所产生的电压闪变频谱范围集中在1～14Hz，且其频率分量的幅值基本上与其频率成正比，此频谱正处于人类视觉敏感区域，引起的闪变最严重。

由晶闸管整流供电的大型轧机，其负荷虽然很大，但与电弧炉负荷相比，其变化要慢得多，因此视感度系数很小，引起的闪变效应不是很严重。电力机车运行引起的电压波动频率很低，因此由它引起的电压闪变效应不是很明显。电焊机分电弧焊机和电阻焊机等类型。电弧焊机功率小，通电时间长，虽然工况变化较大，但功率不大，不会引起闪变干扰；电阻焊机通电时间短，仅几个周波，但功率因数低，容量大，多为单相负荷，对电网的闪变干扰较大。然而，电焊机的容量远小于电弧炉，因此由其引起的电力扰动范围远小于电弧炉。

综合上述分析，电弧炉引起的电网电压波动和闪变比较严重。因此国内外有关规定主要是针对电弧炉的，一般情况下，标准规定的限值只要能满足电弧炉的应用场量，就能满足对其他类型负荷的波动要求。

七、电力系统谐波的成因

非线性元件是电力系统中谐波的主要源头，故可以将传统谐波源细分为三类：①铁磁饱和型：各种铁芯设备，如变压器、电抗器等，其铁磁饱和特性呈现非线性；②电子开关型：主要为各种交直流换流装置（整流器、逆变器）以及双向晶闸管可控开关设备等，在化工、冶金、矿山、电气铁道等大量工矿企业以及家用电器中广泛使用，并正在蓬勃发展，在电力系统内部，则主要是直流输电中的整流阀和逆变阀等，其非线性呈现交流波形的开关切合和换向特性；③电弧型：各种炼钢电弧炉在熔化期间以及交流电弧焊机在焊接期间，其电弧的点燃和剧烈变动形成高度非线性，使电流不规则波动，其非线性呈现电弧电压与电弧电流之间不规则的、随机变化的伏安特性。

1. 铁磁饱和型谐波源

铁磁饱和型谐波源主要为各种变压器和铁芯电抗器。铁芯磁路的饱和特性使系统侧（电源侧）提供的激磁电流波形产生畸变。下面主要以变压器为例，对这类负荷的非线性特性进行分析。

变压器的励磁回路实质上就是具有铁芯绕组的电路。在不考虑磁滞及铁芯饱和状态时，它基本上是线性电路。铁芯饱和后，它就是非线性的，即使外加电压是正弦波，电流也会发生畸变。饱和越深，电流的畸变现象就会越严重。根据变压器的工作原理，当忽略绕组的电阻和漏抗时，变压器原边电压 u_1 与电动势 e_1 的瞬时关系式为

$$u_1=-e_1=-E\sin\omega t=N_1\frac{\mathrm{d}\Phi}{\mathrm{d}t} \tag{3-1}$$

$$\Phi=-\int\frac{e_1}{N_1}\mathrm{d}t=\frac{E_{\mathrm{m}}}{N_1\omega}\cos\omega t=\Phi_{\mathrm{m}}\cos\omega t \tag{3-2}$$

式中 E_m——电动势 e_1 的最大值；

ω——正弦电动势的角频率；

N_1——变压器原边绕组的匝数；

Φ——铁芯中的主磁通；

Φ_m——主磁通的最大值。

式（3-1）和式（3-2）表明，空载时原边正弦电压产生正弦磁通。然而由于磁通和励磁电流为非线性关系，因此原边电流不是纯正弦波。

磁通 Φ 和它产生的励磁电流 i 是用铁芯的磁化曲线来表征的。由钢片叠成的没有磁滞损耗的理想铁芯磁化曲线如图 3-1 所示，当原边电压 u_1 为正弦波，变压器的铁芯主磁通 Φ 及其产生的反电动势 e_1 也应该为正弦波，以使其一次侧达到电动势平衡，即 $u_1=-e_1$。主磁通 Φ 通过铁芯的磁滞回线由系统侧的空载电流 i_0 激磁产生。励磁电流 i_0 为图 3-2 中三相整流桥及其谐波电流波形的尖顶波，其中主要含三次谐波。

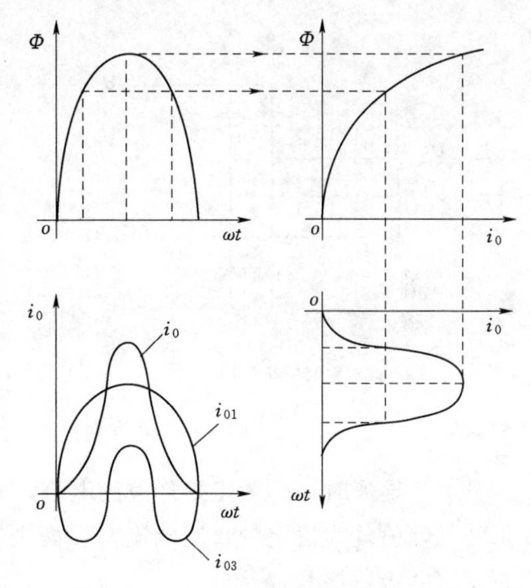

图 3-1 理想铁芯磁化曲线

为了供给铁芯的磁滞损失，i_0 中包含了一个很小的与 e_1 反相的正弦基波成分，造成其波形的左右扭曲。不计磁滞，纯由铁芯饱和基本磁化曲线产生的励磁电流畸变波形可以从 i_0 波形中扣除该正弦波成分，便得到左右对称的尖顶波。因此，空载电流和励磁电流中的谐波成分相同。铁磁饱和型谐波源产生的谐波电流有以下特点：

（1）空载电流 i_0 为对于横轴镜像对称的尖顶波，仅含有奇次谐波，以 3、5、7 次为主。

（2）谐波电流的大小与铁磁材料的饱和特性及设计时选择的工作点即工作磁通密度有关。前者决定饱和特性，后者决定饱和程度。磁通密度高，可以节约铁芯原材料，但会使谐波含量增大。

（3）谐波电流的大小与设备运行时的系统电压 u_1 有关。系统运行电压越高，运行点越深入饱和区，i_0 的波形畸变越大，谐波含量急剧上升。夜间系统负荷减小，电压升高，其谐波对系统影响增大。

2. 电子开关型谐波源

随着电力工业的不断发展，在电力系统中，各种不同类型、不同容量、服务于不同目的的电力电子换流设备不断得到广泛使用。由于整流功率电子电路中存在非线性元件，如晶体管和晶闸管等，它们大都具有开关电路的性质，其输出电压、电流往往是周期性或非周期性变化的非正弦波，从而在系统中产生谐波，使电网的电流、电压发生畸变，对电网产生影响。因此，以电力电子开关为主体的换流设备也是电力系统中的主要谐波源之一。整流装置产生的谐波有特征次谐波和非特征次谐波之分。特征谐波指整流装置运行在正常条件下所产生的谐波，这也是通常情况下此类负荷的谐波输出特征。

以三相整流桥式全控电路为例，三相整流桥式全控电路中开关元件的导通顺序如图3-2所示，元件导通的依据是奇偶编号元件上哪两个元件承受的电压最大（奇数为正，偶数为负），则这两个元件导通。例如，当 u_{ab} 最大时，开关1和开关6导通，之后 $u_{ac}>u_{ab}$，这时开关2代替开关6导通，由于电源为三相对称电源，每个开关管导通120°。

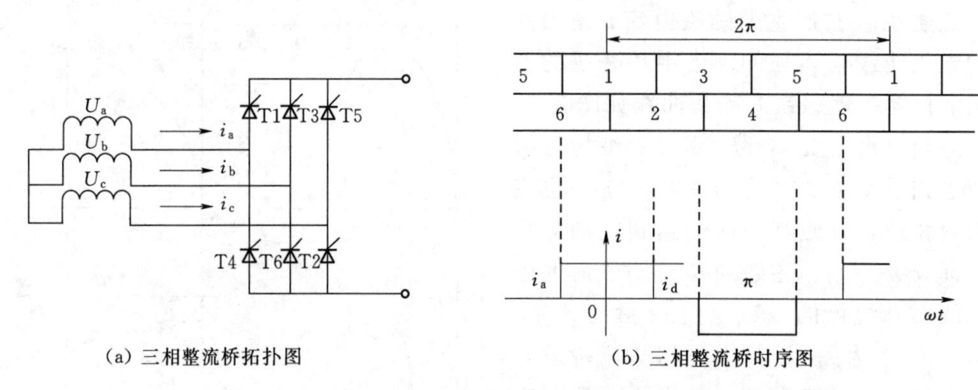

(a) 三相整流桥拓扑图　　(b) 三相整流桥时序图

图3-2　三相整流桥式全控电路及其谐波电流波形

开关1导通时，i_a 为正矩形波的电流，开关4导通时，i_a 为负矩形波的电流，正负矩形波的幅值均为恒定的直流电流 i_d。两个矩形波各宽120°，相距180°。对 i_a 的波形进行傅立叶级数展开，可得

$$\begin{aligned} i_a &= \frac{2\sqrt{3}}{\pi} I_d \left(\sin\omega t - \frac{1}{5}\sin 5\omega t - \frac{1}{7}\sin 7\omega t + \frac{1}{11}\sin 11\omega t + \frac{1}{13}\sin 13\omega t - \cdots \right) \\ &= \sqrt{2} I_1 \sin\omega t + \sum_{\substack{n=6k\pm1 \\ k=1,2,3\cdots}} (-1)^k \sqrt{2} I_n \sin n\omega t \end{aligned} \tag{3-3}$$

电流基波有效值为

$$I_1 = \frac{\sqrt{6}}{\pi} I_d \tag{3-4}$$

电流各次谐波的有效值为

$$I_n = \frac{\sqrt{6}}{n\pi} I_d, n = 6k \pm 1, k = 1,2,3\cdots \tag{3-5}$$

在三相桥式全控整流电路中，交流侧的电流中仅含 $6k\pm1$（k 为正整数）次谐波，各次谐波的有效值与谐波的次数成反比，与基波有效值的比值为谐波次数的倒数。而在重叠角 $\gamma=0$ 的情况下，α 的改变仅将电流波形平移了一个 α 的角度，电流的波形及宽度并没有发生变化，其特征谐波、谐波有效值与基波有效值的比值都不会发生变化。

3. 电弧型谐波源

电弧型谐波源主要是电弧炉和电焊机群。

由于电弧炉炼钢在技术、经济上的优越性，近年来这种方法得到了很快的发展。在炼钢的过程中交流电弧炉的电弧电流会产生非正弦畸变和各次谐波，对电网产生极大的干扰。交流电流过零后的起燃及形成的伏安特性为高度非线性的电弧，使电流波形产生不规则的畸变。随着熔炼过程的进行，各相、各时刻的电流波形大小各不相同，为变化大、具有很大随机性的谐波电流源。在熔炼期间，融化期的谐波含量大于精练期，上、下波形的不对称还会产生较大的偶次谐波。不同时刻测到的谐波即为以该时刻的采样波形延拓为周期函数的傅里叶分析值。根据实际测量和分析，电弧炉的谐波电流成分主要为2～7次，其中2、3次最大，其平均值可达基波分量的5%～10%，谐波电流流入电网，使电压波形发生畸变，从而引起电气设备的发热、振动以及保护误动作等。

电焊机群属冲击性不平衡负载，谐波来源既有整流产生也有铁芯饱和产生，根据其输入电压不同，其波形畸变率也不同，激励电压较小时，铁芯尚处于不饱和阶段，非线性电感电流值与外加激励成正比增长。当外加激励使铁芯工作点处于饱和时，非线性电感上的电流显著增大，电流波形畸变越来越严重。其产生的谐波以3、5次为主，3次谐波含量范围为6%～25%，5次谐波含量范围为1%～9%，由于谐波含量变化大，谐波治理一定要动态跟踪。

以上介绍的三类典型非线性负荷涵盖了电力系统中绝大部分的非线性负荷类型，其中又以电弧型和电子开关型负荷为主，且随着近年来电力电子技术的飞速发展和新能源发电的大规模并网，电力电子类非线性负荷在非线性负荷中所占比重有逐渐变大的趋势。

另外，随着经济的发展和人们生活水平的提升，空调、冰箱等大功率电器导致的谐波问题也逐渐凸显，由于集群效应，在大城市中，由于家用电器导致的谐波问题尤为突出，其谐波特性属于电子开关类谐波源的范畴。

八、电压暂降和短时中断的原因

电压暂降和短时中断是系统正常运行中不可避免的短时扰动现象，本质上是系统中突然出现一个大电流引起的电压事件。突然的大电流是导致电压暂降的根本原因。

电力系统突然出现大电流的原因很多，可能在系统侧，也可能在用户侧。系统侧的原因有短路故障、大型变压器空载激磁等；用户侧的原因有大容量感应电动机启动、大负荷投切等。其中，最主要原因是系统内线路和母线短路故障。

1. 短路故障

统计表明，短路是导致电压暂降或短时中断的主要原因。电力系统运行中，雷击、操作过电压、绝缘老化、设备缺陷、人为误操作、动物接触等是造成短路的主要原因。故障时，流经系统阻抗的电流变大，系统阻抗的分压随之增大，PCC点电压降低，导致电压暂降事件发生。暂降幅值取决于系统阻抗与故障阻抗的相对值。区域电网越强，系统阻抗越小，相同故障导致的暂降幅值越大（剩余电压值越大，电压降低值越小）。电压暂降或短时中断持续时间决定于故障电流的清除时间，即保护定值和开关动作时间。一般来说，输电网故障清除时间明显短于配电网故障清除时间，也就是说，单纯从持续时间的角度看，配电网故障引起的电压暂降或短时中断比输电网严重。因此，在配电网中，为了降低电压暂降或短时中断事件的严重程度，可采用快速保护和快速投切开关等预防性措施。

2. 变压器激磁

若变压器正常运行时铁芯接近饱和，最大励磁电流可能是正常值的数十甚至数百倍，从而造成电压暂降。工程中，为了保证对高端用户的优质供电，采用大容量专用变压器为用户供电，其目的就是降低变压器激磁引起的电压暂降的严重程度。调查表明，变压器激磁引起的电压暂降的发生频次和严重程度，多数情况下均低于系统故障。

3. 大型感应电机启动

感应电机启动包括转矩的建立和加速两个阶段，在这两个阶段均需要大电流，电机从电网内汲取的电流可能是满负荷运行时的5～8倍，该大电流导致系统阻抗的分压增大，引起电压暂降。

感应电机启动是引起电压暂降的原因之一，但实际中，由于电动机接入系统的容量相对于电动机容量更大，系统阻抗相对于电动机阻抗更小，因此电动机启动引起的电压暂降，通常并不很严重。一般电动机启动引起的电压暂降幅值由电动机启动容量、上级变压器剩余容量和局部电网容量共同决定。仅在电动机启动容量与上级变压器剩余容量很接近时，电动机启动引起的电压暂降才较明显。

需要注意的是，据不完全统计，电压暂降或短时中断是由于用户侧设备的行为导致，约占所有电压暂降和短时中断事件的60%。因此，电压暂降或短时中断的防治工作中，用户工作是重点之一。

第二节 电能质量问题传播特征

电能质量问题的特性之一就是可传播性。研究电能质量问题传播特性的目的主要有以下四点：①评价电能质量问题的影响范围；②电能质量扰动源定位；③为电能质量事件的责任判断提供依据；④为电能质量问题的治理和解决提供依据。

一定程度上，电能质量事件的扰动源识别过程，可以认为是对其传播特性的梳理和检验。

电力系统的频率偏差，一般面向的是整个区域电网，且在整个区域电网中的体现一致，因此本节内容不对频率偏差的传播特性进行描述。

对于电力系统间谐波，一方面，对于间谐波的研究目前还处于逐步深入阶段，对于间谐波的传播特性缺乏足够的监测数据和有效的分析方法；另一方面，对于间谐波的影响和间谐波源的发射特性，也还没有统一的认识。因此，本节内容不对间谐波的传播特性进行描述。

对于电压波动、电压暂降和短时中断、供电电压偏差等，一般采用经典的电路理论（基尔霍夫定律等）和一些数学方法（小波理论等）的结合来解释这类电能质量问题的传播特征或干扰源定位方法，本节内容主要就电压暂降和短时中断展开描述。

对于谐波，其传播特征几乎与所有电力系统中的组成部分都相关，包括负荷，因此，本节从谐波源定位的角度展开描述。

对于闪变，GB/T 12326—2008 第 8 条给出了简要定性公式，本节简单介绍几种闪变源定位的方法，这些方法目前尚不具备大规模实际操作的可能性。

下面分别介绍谐波源定位方法、电压暂降的传播特性和闪变的定位方法。

一、谐波源定位方法

谐波源的定位是谐波潮流计算、划分谐波责任以及实施谐波治理的重要依据。谐波源定位方法可以分为两类：①一种是把系统分成两侧，即供电侧和用户侧，然后根据相应的等效电路模型，确定出是主谐波源的一侧，称之为基于等效电路模型的定位法。根据不同的定位依据，又可以分为功率定位法、阻抗定位法、灵敏度定位法等；②另一种就是对整个系统网络用谐波状态估计的方法，计算出系统各个节点的谐波电压以及支路的谐波电流，从而判断哪条支路上含有谐波源。根据选取状态变量的不同，可以分为谐波电压状态估计定位和谐波电流状态估计定位，根据不同测量量的选取，可以分为功率量测定位法、电压量测定位法、电流量测定位法等。

虽然基于谐波状态估计的方法，理论上具有很高的定位精度，但此类方法大多基于仿真，还未在实际系统中应用，况且，要得到精确的非基波谐波网络参数和拓扑结构非常困难，因此很难用于实际谐波源定位工作。此处仅就应用较多的功率定位法展开描述。

1. 有功功率方向定位法

谐波有功功率方向定位法是最传统的谐波源检测方法，以图 3－3 所示的谐波源检测模型为例。

定义功率正方向为从系统侧到用户侧，则 PCC 的谐波有功功率为

$$P_0=R(U_0,I_0)=U_0I_0\cos(\theta_{V0}-\theta_{I0}) \tag{3-6}$$

式中　P_0——PCC 某次谐波的有功功率；

θ_{V0}、θ_{I0}——PCC 某次谐波电压和电流的相位角。

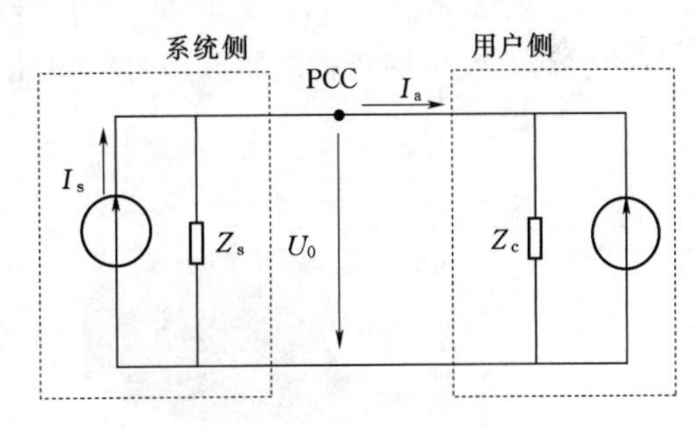

图 3－3　谐波源检测模型

当 $P>0$ 时，系统侧发出较多的谐波功率，认为系统侧是主要谐波源；当 $P<0$ 时，用户侧发出较多的谐波功率，认为用户侧是主要谐波源。

虽然这种观点比较直观，一直为大家普遍接收。但由图 3－3 可以看出，PCC 的谐波电压始终为正，检测谐波源的位置主要是检测两侧谐波电流对 PCC 波形畸变的影响。这就相当于检测 I_cZ_c 和 I_sZ_s 的幅值大小，即 $|I_cZ_c|>|I_sZ_s|$ 就意味着系统侧为主要谐波源，相反则认为用户侧为主要谐波源，也就是说谐波源的检测不应当受到两侧相角差的影响，而应当取决于 PCC 两侧的开口谐波电压源的幅值。

根据图 3－3 可以得到从系统侧流向用户侧的有功功率公式为

$$P=\frac{E_sE_c}{Z_c+Z_s}\sin\delta=\frac{Z_cZ_s}{Z_c+Z_s}I_sI_c\sin\delta \tag{3-7}$$

由式（3-7）可以看出，谐波有功功率的方向主要受PCC两侧谐波源相角差的影响，而当某次谐波电压与电流相角差为90°时，该方法失效。此外，该方法在系统谐波发射水平较高，不可忽略的情况下，不能给出用户谐波发射水平的可靠估计。但是，该方法在大多数情况下可以作为谐波源定位的判定方法。

2. 无功功率方向定位法

电力系统中有功功率主要与相角有关，而无功功率主要取决于系统电压的幅值，因此提出了基于无功功率的检测思路。无功功率可以表示为

$$Q=\frac{E_s}{X_s+X_c}(E_s-E_c\cos\delta) \tag{3-8}$$

由式（3-8）可以看出，无功功率的正负不仅与 $E_s-E_c\cos\delta$ 的大小有关，而且与 X_s+X_c 的正负有关。在基波的情况下，实际系统中综合阻抗一般都为正值，而在谐波情况下有可能出现负值。因此，由于无功功率检测法受谐波阻抗的影响，其结果准确度一般只能达到50%。

二、电压暂降的传播特性

系统故障后，不仅会在离故障点最近的母线上产生暂降，还会如同水波一般，在系统内引起“暂降效果”，造成多条母线电压发生不同程度的暂降，该过程就是暂降传播。据统计，造成暂降并导致用户经受损失的电压暂降事件中，用户本线路故障仅占约23%，非本地故障占约77%。可见，用户经历的导致损失的电压暂降，多数是由非本地故障引起并经电网传播的暂降事件。电压暂降成因比例如图3-4所示。

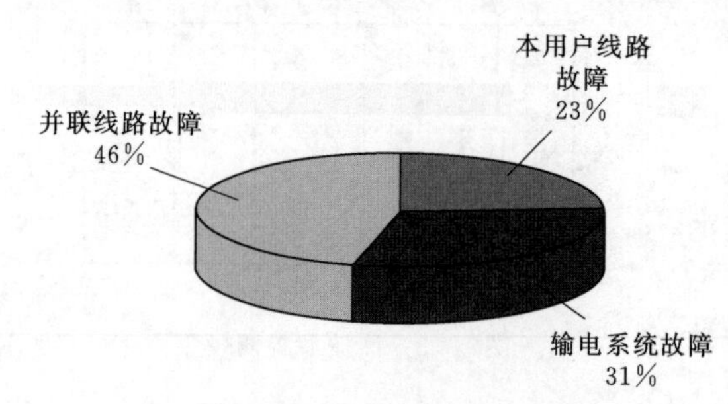

图3-4　电压暂降成因比例

电压暂降的传播特性可以使用经典电路理论解读。以某24节点标准系统为例，如图3-5所示。当系统内某线路故障时，多条母线发生电压暂降，暂降幅值见图3-5。可见，当系统任意一点故障时，从故障点起，电压暂降会向多条母线“传播”。通常，距离故障点越近，暂降幅值（剩余电压）越低；距离故障点越远，暂降幅值越高。如果母线距离电源点近或母线上有发电机组接入，由于电源支撑作用，暂降幅值（剩余电压）较高，母线电压暂降不严重。

电压暂降的传播可分为垂直传播与水平传播。前者指从故障点往更高或更低电压等级母线传播（垂直传播），后者指在相同电压等级母线间传播（水平传播）。

1. 垂直传播

ABC分类法把对称或非对称故障（三相、单相接地、两相、两相接地）导致的暂

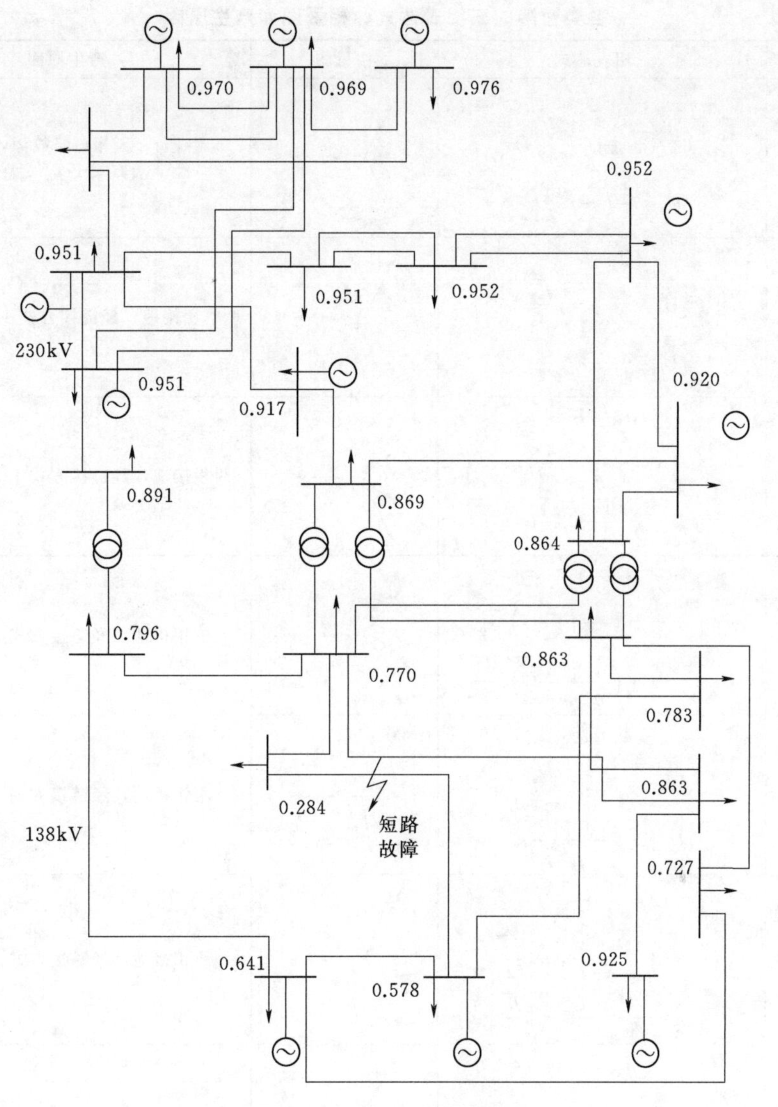

图 3-5　某 24 节点系统

降分别定义为 A、B、C、E 类。四类暂降经不同类型的变压器后，可能产生新的暂降类型，可定义为 C*、D、D*、E、F、G 类。这样就存在 A、B、C、C*、D、D*、E、F、G 类 9 类暂降，相应类型的三相表达式、相量图、产生原因见表 3-2。

电压暂降经不同连接方式的变压器后，原副边暂降类型的转换关系见表 3-3。

电压暂降垂直传播时，由于主要考虑接入低压侧的用户可能承受的影响，通常仅考虑从变压器高压侧向低压侧的传播。这样考虑的另一个原因是，变压器漏抗远大于系统阻抗，变压器低压侧发生的故障，经变压器隔离，造成的高压侧暂降幅值一般会提高到 0.8pu 以上，这是基于假设的结论。实际监测发现，低压侧发生的暂降有时也会传播到高压侧，但传播到高压侧的暂降幅值通常较高。

表 3－2　　各类暂降的三相表达式、相量图和产生原因

类型	三相表达式	相量图	产生原因
A类	$U_a=U$ $U_b=-\frac{1}{2}U-j\frac{\sqrt{3}}{2}U$ $U_c=\frac{1}{2}U+j\frac{\sqrt{3}}{2}U$	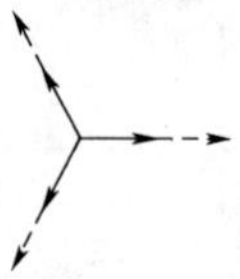	三相短路故障， 经链接方式 1/2/3/无变压器
B类	$U_a=U$ $U_b=-\frac{1}{2}-j\frac{\sqrt{3}}{2}$ $U_c=-\frac{1}{2}+j\frac{\sqrt{3}}{2}$	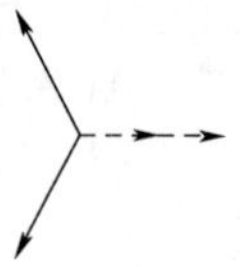	单相接地，经链接方式 1/无变压器
C类	$U_a=1$ $U_b=-\frac{1}{2}-j\frac{\sqrt{3}}{2}$ $U_c=-\frac{1}{2}+j\frac{\sqrt{3}}{2}U$	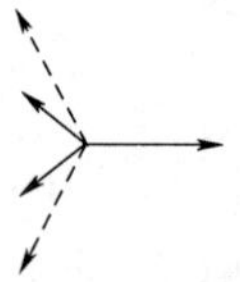	两相接地，经链接方式 1/3/无变压器
C* 类	$U_a=1$ $U_b=-\frac{1}{2}-\left(\frac{1}{3}+\frac{2}{3}U\right)j\frac{\sqrt{3}}{2}$ $U_c=-\frac{1}{2}+\left(\frac{1}{3}+\frac{2}{3}U\right)j\frac{\sqrt{3}}{2}$	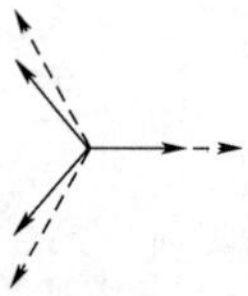	单相接地，经链接方式 2/变压器
D类	$U_a=U$ $U_b=-\frac{1}{2}U-j\frac{\sqrt{3}}{2}$ $U_c=-\frac{1}{2}U+j\frac{\sqrt{3}}{2}$	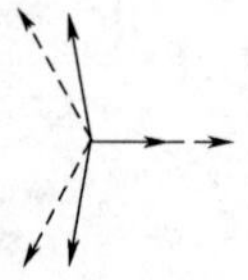	两相接地，经链接方式 2/变压器
D* 类	$U_a=\frac{1}{3}+\frac{2}{3}U$ $U_b=-\frac{1}{6}-\frac{1}{3}U-j\frac{\sqrt{3}}{2}$ $U_c=-\frac{1}{6}-\frac{1}{3}U+j\frac{\sqrt{3}}{2}$	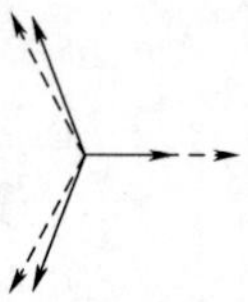	两相接地，经链接方式 3/变压器
E类	$U_a=1$ $U_b=-\frac{1}{2}U-j\frac{\sqrt{3}}{2}U$ $U_c=-\frac{1}{2}U+j\frac{\sqrt{3}}{2}U$	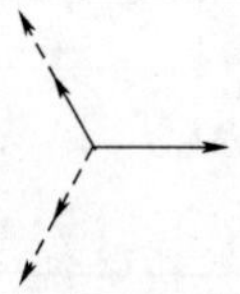	两相接地，经链接方式 1/变压器
F类	$U_a=U$ $U_b=-\frac{1}{2}U-\left(\frac{2}{3}+\frac{1}{3}U\right)j\frac{\sqrt{3}}{2}$ $U_c=-\frac{1}{2}U+\left(\frac{2}{3}+\frac{1}{3}U\right)j\frac{\sqrt{3}}{2}$	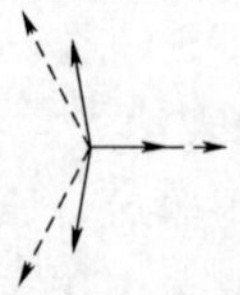	两相接地，经链接方式 2/变压器
G类	$U_a=\frac{2}{3}+\frac{1}{3}U$ $U_b=-\frac{1}{3}-\frac{1}{6}U-j\frac{\sqrt{3}}{2}U$ $U_c=-\frac{1}{3}-\frac{1}{6}U+j\frac{\sqrt{3}}{2}U$	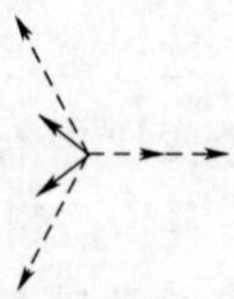	两相接地，经链接方式 3/变压器

表 3-3 原副边暂降类型的转换关系

项目		原边暂降类型						
		A类	B类	C类	D类	E类	F类	G类
副边暂降类型	变压器链接方式							
	1	A	B	C	D	E	E	G
	2	A	C	D	C	F	G	F
	3	A	D	C	D	G	F	G

除变压器外，负荷三相绕组联结方式也可能影响暂降类型。当负荷星形联结时，各相电压相量不变；当负荷三角形联结时，暂降相当于经类型 2 变压器变换，经相线电压互换，电网侧的暂降到设备侧可能变为非暂降。因此，研究系统故障引起的暂降对低压侧用户设备的影响时，需考虑暂降传播规律和负荷联结方式的影响。

2. 水平传播

对于辐射型配电网在相同电压等级内电压暂降的传播，主要考虑线路对暂降幅值的影响。对某配电网 10kV 馈线电压暂降进行典型分析，PCC 的电压暂降经馈线传播后，在不同 T 接点上的电压幅值变化如图 3-6 所示。

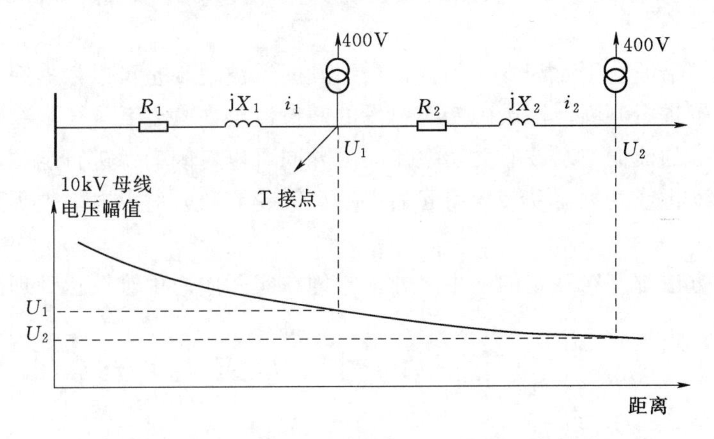

图 3-6 电压暂降在不同 T 接点上的电压幅值变化

从 PCC 到负荷 T 接点，有电压降落，即经线路传播后，T 接点处电压暂降幅值（剩余电压）低于 PCC 所在母线。

对于环网，由于相同电压等级母线并不总是直接相连，暂降传播分析较复杂。可通过短路计算，确定某电压等级母线或线路发生故障后，相同电压等级母线电压暂降幅度。计算时，先假设水平传播的暂降类型不变，再根据故障点至被评估母线的通路是否有变压器，确定水平传播的暂降类型。电网拓扑结构、元件参数等很大程度上决定了电压暂降的水平传播特性。

三、闪变的定位方法

(1) 利用监测点处电压与负荷处电流的微分来判断闪变源位置的方法。当监测点发生电压闪变时，若得到的监测点处电压与负荷处电流的微分是正值，则可判断闪变源处于检测装置的上游方向；反之，则判断闪变源位于检测装置的下游方向。此方法的局限性在于，在随机型闪变的情况下，由于存在一定的暂态过程，此时这种判据就不准确。

（2）采用谐波功率的流向对周期性的闪变源进行识别定位。该方法认为发生闪变的电压中含有某次谐波分量，而负荷电流中也包含相同次数的谐波分量，用该次谐波的功率为判据来定位闪变干扰源。必须注意的是，在比较复杂的网络结构中，如多谐波源供电系统，虽然线性负荷只会消耗谐波功率，但是谐波源在消耗谐波功率的同时也会注入谐波功率。于是，仅以次谐波功率的流向为判据来定位闪变干扰源就显得不那么可靠了，会产生误判或无法定位的可能。

（3）通过闪变功率进行闪变源定位的，若闪变功率等于 0 时，就认为不存在闪变干扰；若闪变功率是正值，则可判断闪变源处于监测点的上游方向；若闪变功率是负值，则可判断闪变源处于监测点的下游方向。此种以闪变功率的正负为依据来判断闪变源位置的方法与次谐波功率流向法相似，也可能会导致误判。

（4）在负荷支路上串联一个电抗，并对该电抗上因为闪变而引起的电压下降幅度进行测量。系统的短路阻抗为已知量，通过计算相同母线上不同的用户对导致电压闪变的贡献量来判断闪变源的位置。此方法要在系统中串联许多电抗，实际操作起来比较麻烦。

（5）不仅间谐波会引发闪变，闪变也会引发间谐波，于是可以依据间谐波的功率来对闪变源的位置进行判断。因为闪变源引发的间谐波会向电力系统注入有功功率，根据间谐波有功功率的流向与基波有功功率流向的异同可以对闪变源进行定位。然而此方法只对由感应电动机或变频驱动装置引起的周期型闪变有效，对由电弧炉等引起的随机闪变无效。

由于以上方法都存在一定的不足之处，它们在实际应用中难以达到理想的效果。

第三节　小　　结

本章介绍了各类电能质量问题的成因和部分电能质量问题的传播规律或定位方法。其中，电能质量问题的成因非常复杂，实际工作中，根据本章介绍的各类电能质量问题的成因，可以找到潜在的电能质量干扰源或风险点；而对于电能质量问题的传播分析和干扰源定位，实际工作中大多数都是基于海量的监测数据，结合实际的区域电网拓扑结构开展的，随着海量电能质量数据的积累和大数据技术的发展，基于大数据的电能质量干扰源定位技术也已经开始被研究，未来可能会是最为高效准确的方法之一。

第四章 电能质量事件对电网和用户的影响

电能质量的各项指标是衡量电能这种特殊商品质量的有效指标，电能质量的好坏关乎电能生产、输送和消费的整个环节，由于本教材面向的培训对象主要为电力企业员工和电网用户，因此，对于电能质量对发电环节的影响只进行概念性描述，不展开论述。

本章分别就各类电能质量问题，从电网和用户两个角度来讨论影响。其中，供电电压偏差超限、供电频率偏差超限、三相电压不平衡、暂时过电压和瞬态过电压四种电能质量问题，对电网和用户的影响相对清晰，本章定义为传统的电能质量问题，在第一节集中描述。

对于电压波动，除了产生闪变外，电压波动对电网和用户的影响与电压偏差超限的影响类似，本章不单独描述；而闪变的危害主要是引起人们视觉的不适和疲劳，进而可能会在特定情况下引起人身安全和生产安全事故。

对于间谐波的影响，目前还没有明确的数据和理论支撑，本章暂不讨论。

对于谐波、电压暂降和短时中断，由于在实际的生产调度、运维、营销及客户服务工作中涉及最多，因此本章就这两种电能质量问题对电网和用户的影响重点描述。

第一节 传统电能质量问题对用户和负荷的影响

传统电能质量问题包括供电电压偏差超限、供电频率偏差超限、三相电压不平衡、暂时过电压和瞬态过电压这四种电能质量问题，主要原因为：一方面，是因为这四种电能质量问题研究历史比较悠久；另一方面，是考虑到这四类电能质量问题对电网和用户的影响较为清晰。但随着各类新型负荷的出现，这四类电能质量问题的影响也可能会有新的形式和特征。

一、供电电压偏差对电网和用户的影响

1．供电电压偏差对电网的影响

供电电压偏差超限会影响到电网的稳定运行，减少输电线路输送功率的能力。输电线路的输送功率受功率稳定极限的限制，而线路的静态稳定功率极限近似与线路的电压平方成正比。系统运行电压偏低，输电线路的功率极限大幅度降低，可能产生系统频率不稳定现象，甚至导致电力系统频率崩溃，造成系统解列。如果电力系统缺乏无功电源，可能产生系统电压不稳定现象，导致电压崩溃。

电压稳定的破坏会造成严重的灾难，给电力系统和各行各业的生产以及人民生活带来重大的损失。系统运行电压过高又可能使系统中各种电气设备的绝缘受损，使带铁芯的设备饱和，产生谐波，并可能引发铁磁谐振，同样威胁电力系统的安全和稳定运行。

电压偏差超限不仅对系统的稳定造成威胁，而且影响系统的经济运行。当输送功率一定时，输电线路和变压器的电流与运行电压成反比，而输电线路和变压器的有功损耗与电流的平方成正比。因此，系统电压偏低将使电网的有功损耗、无功功率损耗以及电压损失大大增加；系统电压偏高，超高压电网的电晕损耗加大。所有这些都使供电成本增加。

2. 供电电压偏差对用户的影响

所有用户的用电设备都是按照设备的额定电压进行设计和制造的，在额定电压上下一定范围内的电压偏差不会对设备的运行造成影响。但当电压偏离额定电压较大时，用电设备的运行性能恶化，不仅运行效率降低，还很可能会由于过电压或过电流而损坏。

例如，白炽灯设备，当电压低于额定电压的5%时，白炽灯的光通量减少18%；当电压低于额定电压的10%时，白炽灯的光通量减少30%，发光不足会影响人们的视力，降低工作效率；当电压高于额定电压的5%时，白炽灯的寿命减少30%；当电压高于额定电压的10%时，白炽灯的寿命减少一半。

电炉等电热设备广泛应用于冶金、玻璃和橡胶等行业，电炉的发热量与电压的平方成正比，如果电压偏低，则设备的发热量急剧下降，导致生产效率降低，甚至会影响整个生产工艺流程。

用户中大量使用的异步电动机，当其端电压改变时，电动机的转矩、效率和电流都会发生变化。异步电动机的最大转矩（功率）与端电压的平方成正比，如电动机在额定电压时的转矩为100%，在端电压为90%额定电压时，其转矩将为额定转矩的81%，如电压降低过多，电动机可能停止运转，使由它带动的生产设备运行不正常。有些载重设备（如起重机、碎磨机）的电动机，还会因电压降低而不能启动。此外，电压降低，电动机电流将显著增大，绕组温度升高，情况严重时，会使电动机烧毁。

电压偏差对同步电动机的影响和异步电动机相似，端电压变化虽不会引起同步电动机的转速变动，然而，其启动转矩与端电压平方成正比，而其最大转矩与端电压成正比，即端电压变化－10%或10%，最大转矩也相应变化－10%或10%。如果同步电动机励磁电流由与同步电动机共电源的晶闸管整流器供给，则其最大转矩将与端电压的平方成正比变化。

电压偏差过大对家用电器的使用效率和寿命均会产生不良影响。

二、供电频率偏差对电网和用户的影响

当今我国的电网，大而坚强，供电频率偏差超限的情况极少发生，但一旦发生频率偏差超限事件，会对电网和用户带来很大的影响。

1. 供电频率偏差对电网的影响

(1) 降低发电机组效率，严重时可能引发系统频率崩溃或电压崩溃。火力发电厂的

主要设备是水泵和风电机组，它们由异步电动机带动。如果系统频率减低，电动机输出功率将以与频率成三次方的比例减少，则它们所供应的水量和风量就会迅速减少，从而影响锅炉和发电机的正常运行。当频率降至临界运行频率45Hz以下时，发电机输出的功率明显降低。一旦发电机输出功率减少，系统频率会进一步下降，形成恶性循环，最终导致系统因频率崩溃而瓦解。此外，频率下降，即发电机的转速下降时，发电机的电动势将减少，无功功率降低，电力系统内部并联电容器补偿的出力也随之下降，而用于用户电气设备励磁的无功功率却增加，促使系统电压随频率的下降而降低，威胁系统的安全稳定。当频率低至43～43Hz时，极易引起电压崩溃。

（2）汽轮机在低频下运行时容易产生叶片共振，造成叶片疲劳损伤和断裂。

（3）处于低额率电力系统中的异步电动机和变压器其主磁通会增加，励磁电流随之加大，系统所需无功功率大为增加，导致系统电压水平降低，给系统电压调整带来困难。

（4）无功补偿用电容器的补偿容量与频率成正比。当系统频率下降时，电容器的无功出力成比例降低。此时电容器对电压的支撑作用受到削弱，不利于系统电压的调整。

（5）频率偏差大使感应式电能表的计量误差加大。研究表明：频率改变1%，感应式电能表的计量误差约增大0.1%。频率加大，感应式电能表将少计电量。

2. 供电电压频率超限对用户的影响

（1）供电电压频率超限或波动过大会对用户生产的产品质量造成极大影响。工业企业所使用的用电设备大多数是异步电动机，其转速与系统频率有关。系统频率变化将引起电动机转速改变，从而影响产品的质量。如纺织、造纸等工业将因频率的下降而出现残次品。

（2）供电电压频率超限可能会降低生产效率。电动机的输出功率与系统频率有关。系统频率下降使电动机的输出功率降低，从而影响所传动机械的出力（如机械工业中大量的机床设备），导致劳动生产率降低。

（3）供电电压频率超限可能使电子设备不能正常工作，甚至停止运行。现代工业大量采用的电子设备如电子计算机、电子通信设施、银行安全防护系统和采用自动控制设备的工业生产流水线等，对系统频率非常敏感。系统频率的不稳定会影响这些电子设备的工作特性，降低准确度，造成误差。例如，频率过低时，雷达、计算机等设备将不能运行。

三、三相电压不平衡对电网和用户的影响

1. 三相电压不平衡对电网的影响

三相电压不平衡对电网的影响主要体现在影响电网的经济运行和某些电网内设备的正常工作。

（1）三相电压不平衡对变压器的影响。变压器处于不平衡负载下运行时，如果其中一相电流已经先达到变压器的额定电流，则其余两相电流只能低于额定电流，此时，变压器容量得不到充分利用。例如三相变压器供电给单相线电压负载时，变压器的利用率

约为57.7%；如果供电给单相相电压负载，则变压器的利用率仅为33.3%。如果处于不平衡负载下运行时仍要维持额定容量，将会造成变压器局部过热。

运行中的变压器若存在零序电流，则其铁芯中将产生零序磁通（高压侧没有零序电流）。这迫使零序磁通只能以油箱壁及钢构件作为通道通过，而钢构件的导磁率较低，零序电流通过钢构件时，即要产生磁滞和涡流损耗，从而使变压器的钢构件局部温度升高发热。变压器的绕组绝缘因过热而加快老化，导致设备寿命降低。同时，零序电流的存在也会增加配电变压器的损耗。研究表明，变压器工作在额定负载下，当电流不平衡度为10%时，变压器绝缘寿命约缩短16%。

（2）三相电压不平衡导致线损增加。在三相电压不平衡系统中，线路除正序电流产生的正序功率损耗以外，还有负序电流及零序电流产生的附加功率损耗，因此加大了线路的总损耗，降低了电力系统运行的经济性。

（3）三相电压不平衡可能影响继电保护和自动装置的正常工作。三相电压不平衡系统中的负序分量偏大，可能导致一些作用于负序电流的保护和自动装置误动作，威胁电力系统的安全运行。此外，系统三相电压不平衡还会使某些负序启动元件对系统故障的灵敏度下降。

2. 三相电压不平衡对用户的影响

（1）三相电压不平衡对电机类负载的影响。当电机承受三相不平衡电压时，将产生和正序电压相反的旋转磁场，在转子中感应出两倍频电压，从而引起定子、转子铜损和转子铁损的增加，使电机附加发热，并引起二倍频的附加振动力矩，危及安全运行和正常出力。据国外文献介绍，当电动机在额定转矩、4%负序电压情况下运行时，仅由于附加发热，其绝缘寿命就缩短一半。

（2）三相电压不平衡对换流器的影响。三相电压不平衡使换流器的触发角不对称，换流器将产生较大的非特征谐波。随着三相电压不平衡度的增加，非特征谐波电流也加大。常规换流器是以抑制特征谐波进行设计制造的，非特征谐波电流的出现对换流器的谐波治理提出了更高的要求，直接导致换流器总投资加大。

（3）三相电压不平衡对计算机的影响。通常我国低压采用三相四线制TN、TT系统供电。由于三相不平衡必然在中性线上出现不平衡电流，同时还有波形畸变等因素引起的3倍数次谐波电流。在不平衡较严重时，中性线过负荷发热，不仅增加损耗，降低效率，还会引起零电位漂移，产生电噪声干扰，致使计算机无法正常运行。变压器运行规程规定Yyn0连接的变压器中性线电流限值为额定电流的25%，而对于计算机电源，这个限值应更严格一些，在5%～20%范围为宜。

（4）三相电压不平衡对家用电器的影响。在低压系统中三相电压不平衡，对照明和家用电器正常安全用电会造成威胁，因为这类设备大多数为单相用电。如接在电压过高的相上用电，则会使设备寿命缩短，以致烧坏；如接在电压过低的相上用电，则设备不能正常运转或照度不足。

四、暂时过电压和瞬态过电压对电网和用户的影响

暂时过电压和瞬态过电压时刻存在于大电网中，考验着电网和用户设备的绝缘水

平，其影响形式和影响范围也基本一致，目前电网和用户的绝大多数设备的绝缘水平都能够满足相关标准的要求或采取了适当的措施来抑制暂时过电压和瞬态过电压的危害。

1. 雷击过电压对电网和用户的影响

一方面，雷击过电压可能会引起绝缘子闪络、电网设备绝缘击穿等；另一方面，雷击过电压对电子元件的损坏已不容忽视。其中纵向冲击可能会损坏跨接在线与地之间的元部件或其绝缘介质，击穿在线路和设备间起阻抗匹配作用的变压器匝间、层间或线对地绝缘等。横向冲击可在电路中传输，损坏内部电路的电容、电感及耐冲击能力差的固体元件。设备中元部件遭受雷击损坏的程度，取决于不同的绝缘水平及受冲击的强度。对具有自行恢复能力的绝缘，击穿只是暂时的，一旦冲击消失，绝缘很快得到恢复，有些非自行恢复的绝缘介质，如果击穿后只流过很小的电流，通常不会立即中断设备的运行，但随时间的推移，元部件可能受潮，其绝缘逐渐下降，电路特性变坏，最后将使设备损坏。

2. 操作过电压对电网和用户的影响

当电网发生事故跳闸或停电操作时，突然切断电感电路的电流时会产生过电压。在开关断开过程中，触点间的距离尚未到达足够大时就已经被击穿，高电压进入直流操作电源系统，电压承受水平较低的半导体器件就会受到不同程度的破坏及影响。因为半导体器件的过电压承受水平较低，反应灵敏，过电压会造成其损坏或无法正常工作。而过电压对电磁元件影响不大，因为其绝缘水平较高，并且其动作过程有一定的惰性，所以不会造成误动作影响正常工作。

3. 工频过电压对电网和用户的影响

工频电压升高的大小会直接影响操作过电压的实际幅值。操作过电压是叠加在工频电压升高之上的，从而达到很高的幅值。

工频电压的大小会影响避雷器的工作条件和保护效果。避雷器的最大允许工作电压是由避雷器安装处工频过电压值来决定的。如工频电压过高，避雷器的最大允许工作电压也越高，避雷器的冲击放电电压和残压也将提高，相应被保护设备的绝缘水平也要随之提高。

若工频过电压持续时间过长，对设备绝缘及其运行性能有重大影响。例如引起油纸绝缘内部电离、污秽绝缘子闪络、铁芯过热、电晕等。

4. 谐振过电压对电网和用户的影响

谐振过电压在正常运行操作中出现频繁，其危害性较大，可能造成电气设备损坏和大面积停电事故。许多运行经验表明，中、低压电网中过电压事故大多数都是由谐振现象引起的。由于谐振过电压的作用时间较长，在选择保护措施方面造成困难，为了尽可能地防止谐振过电压，在设计、操作电网时，应先事先进行必要的估算和安排，避免形成严重的串联谐振回路，或采取适当的防止谐振的措施。谐振过电压轻者可以使电压互感器和熔断器熔断、匝间短路或爆炸，重者会发生避雷器爆炸、母线短路、厂用电失电等严重威胁电力系统和电气设备运行安全的事故。

第二节　谐波对用户和电网的影响

电力系统中，谐波时刻存在且无法完全避免，谐波的影响也体现在电网和用户的所有电力设备中，影响电网和用户设备的安全、经济运行。

一、谐波对电网的影响

谐波污染对电网的影响主要表现两方面：一方面，谐波本身会造成电网的损耗增加、设备寿命缩短、接地保护功能失常、遥控功能失常、线路和设备过热等，影响电网的安全运行和经济运行；另一方面，谐波可能引起局部的并联或串联谐振，造成设备损坏或工作异常。

1. 谐波对电容器的影响

当配电系统非线性用电负荷比重较大，并联电容器组投入时，一方面由于电容器组的谐波阻抗小，注入电容器组的谐波电流大，使电容器负荷严重影响其使用寿命；另一方面当电容器组的谐波容抗与系统等效谐波感抗相等而发生谐振时，引起电容器谐波电流严重放大使电容器过热而损坏。

对于常用自愈式并联电容器，其允许过电流倍数是1.3倍频定电流，当电容器的电流超过这一限值时，将会造成损坏事故。同时，谐波使工频正弦波形发生畸变，产生锯齿状尖顶波，易在绝缘介质中引发局部放电，长时间的局部放电也会加速绝缘介质的老化，自愈性能下降，而容易导致电容器损坏。

2. 谐波对变压器的影响

谐波电流使变压器的铜耗增加，引起局部过热、振动、噪声增大、绕组附加发热等。谐波电压引起的附加损耗使变压器的磁滞及涡流损耗增加，当系统运行电压偏高或三相不对称时，励磁电流中的谐波分量增加，绝缘材料承受的电气应力增大，介质损耗增大。针对三角形连接的绕组，零序性谐波在绕组内形成环流，使绕组温度升高。变压器励磁电流中含谐波电流，引起合闸涌流中谐波电流过大，这种谐波电流在发生谐振时对变压器的安全运行将造成威胁。

3. 谐波对电力避雷器的影响

谐波可以使避雷器的放电时间过长而受到损坏。

4. 谐波对电力电缆的影响

谐波污染将会使电缆的介质损耗和输电损耗增大，泄漏电流上升，温升增大及干式电缆的局部放电增加，引起单相接地故障的可能性增加。

由于电力电缆的分布电容对谐波电流有放大作用，在系统负荷低谷时，系统电压上升，谐波电压也相应升高。电缆的额定电压等级越高，谐波引起电缆介质不稳定的危险性越大，更容易发生故障。

5. 谐波对电网损耗的影响

谐波污染增加了输电线路的损耗。输电线路中的谐波电流加上集肤效应的影响将产生附加损耗，使得输电线路损耗增加。特别是在电力系统三相不对称运行时，谐波对中性点直接接地的供电系统线损的增加作用尤为显著。

6. 谐波对电力系统中其他一次设备的影响

(1) 对同步发电机的影响：用户的负序电流和谐波电流注入系统内的同步发动机，将产生附加损耗，引起发电机局部发热，降低绝缘强度。同时，由于输出的电压波形中具有附加谐波分量，使负载的同步发电机转子发生扭振，降低其工作寿命。

(2) 对断路器的影响：谐波会使某些断路器的磁吸线圈不能工作，断路器的开断能力降低，不能开断波形畸变超过一定限值的故障电流，在中压断路器截断电感电流时可能发生重燃现象，导致断路器触头烧损。

(3) 对消弧线圈的影响：当电网谐波成分较大时，发生单相接地故障，消弧线圈电感电流可能不起作用，在接地点得不到补偿，从而引发系统故障扩大。

(4) 对继电保护及自动装置的影响：谐波对继电保护及自动装置的影响主要是可能会引起装置的误动作。

启动量小，利用负序电流或电压、零序电流或电压、差动电流或电压启动的继电保护及自动装置会受到谐波的影响。其中利用负序量作为保护启动量的继电保护及自动装置对谐波的敏感性最大。

某些继电器或启动元件本身对谐波敏感。晶体管或集成电路保护装置的动作量非常小且动作时间非常短，因此它的启动数据容易受到谐波影响而出现较大的误差；利用信号过零采样的控制系统及利用数据过零的数字式继电器或微机保护，都会受到谐波的影响和干扰。

7. 谐波对电能计量的影响

由于谐波功率在谐波源负荷（如整流器）中和基波功率流向相反，因此对于谐波源负荷，电表的电度计量值将偏小；而对于一般线性负荷，电度计量值大体上等于基波和谐波电度计量值之和，故谐波增加了用户的电费支出。在电网正常的条件下，谐波含量不太大（电压总畸变一般不大于5%）时，常用仪表大致可以与仪表的精确等级相符，但在严重畸变时误差将变大（一般针对平均值响应的仪表，随着高频成分增加，对同一有效值的指示会明显下降）。研究证明，旧式电磁系仪表频率特性最差；电动系仪表频率特性较好；而数字式测量仪表的指示一般具有精度高、频带宽、不受波形影响等优点。

8. 对通信的干扰

谐波通过电磁感应干扰通信。通常200～5000Hz的谐波引起通信噪声，而1000Hz以上的谐波导致电话回路信号的误动。谐波干扰的强度取决于谐波电流、频率的大小，以及输电线和通信线的距离、并架长度等。

二、谐波对电力用户的影响

用电设备对系统电源的污染会影响用电设备自身的可靠性。电能质量受到污染的电源、用电设备又可能成为新的污染源，危害电力系统和其他用户设备。可能产生的影响包括对用户电动机产生影响、对用户补偿电容产生影响、对用户自动控制装置产生影响、对居民生活产生影响、对用电安全产生影响。

另外，还包括对通信造成的影响，对广播、电视机精密制造工业造成的影响等，这些影响有些表现为差模干扰、有些表现为共模干扰。差模干扰是工频及长线传输分布电容的相互干扰，共模干扰是引起回路对地电位发生变化的干扰，是造成微机控制单元工作不正常的主要原因。

1. 对用户电动机的影响

谐波电流通过交流电动机，可以使谐波附加损耗增加，引起电动机过热、机械振动和噪声增大。负序性的谐波分量（5次、7次、11次……）对电机的影响与负序过电压一样，能够在定子绕组上产生负序谐波电流，并励磁产生负序旋转磁场，该制动磁场降低了电机最大转矩的过载能力，增加铜损，并且负序过电流可以将电机定子绕组烧毁。

电机定子和转子产生附加损耗。高次谐波电流还会引起振动力矩使电机转速发生周期性的变化。在畸变电压作用下电机的绝缘寿命将缩短。国内外经验表明当谐波电压总畸变达10％～20％时可导致电动机在短期内损坏。

2. 对用户补偿电容器的影响

电网无功配置容量中电容器所占比例最大，其中用户电容器约占全部电容器的2/3。这部分电容器的设计大多只考虑无功补偿量，不考虑装设点电能质量的实际污染情况，因此，当运行点电能质量指标低时，常造成一些事故，如补偿装置投不上，电容器使用寿命降低，电容器保护熔丝熔断，甚至发生串联谐振引起电容器的谐波过电压与过电流，导致电容器爆炸等。

3. 对用户自动控制装置的影响

随着数字控制技术的大规模使用，很多精密负载对电能质量指标提出了更高的要求。电能质量污染对这类设备的危害主要有三个方面：①在设备的检测模块中引起入畸变量，干扰正常的分析计算，导致错误的输出结果；②会对设备的硬件，如精密电机、开关电源等造成不可逆转的损坏；③干扰负载的保护回路造成误动作等。

4. 对居民生活的影响

谐波可能会引起闪变，造成视觉疲劳和损害；可能引起冰箱、空调的压缩机承受冲击应力，产生振动，降低使用寿命；可能影响有线电视、广播的信号正常传输；可能引起电能计量误差，造成不必要的电费损失等。

5. 对用户用电安全的影响

（1）可能会导致火灾。一些建筑物突发性火灾已被证明与谐波有关。经有关部门测定，应用电器设备较多的酒店、商厦、网吧、计算机房、居民小区等，在没有采取滤波等措施前，中性线电流都很大，有些甚至超过相电流，导致导线过热形成火灾事故。

（2）可能会导致设备运行异常事故。谐波可能会影响诸如电梯、升降机等特种设备的运行，进而造成生产安全事故或人身安全事故。

第三节　电压暂降和短时中断对电网和用户的影响

电压暂降和短时中断是电力系统中最重要的电能质量问题之一，尤其是电压暂降，频繁发生、不可避免。由于电压暂降和短时中断主要发生在配电网，电压暂降和短时中断对电网本身的影响主要体现在对电网供电可靠性指标的影响和对电网中电力电子设备的影响两方面。

本节主要就电压暂降和短时中断对用户设备和用户的影响展开描述。

一、电压暂降和短时中断对用户设备的影响

电压暂降和短时中断对典型敏感设备的正常运行存在较大影响，如等照明负荷、交流接触器、计算机电源、变频器、可编程逻辑控制器（programmable logic controller，PLC）和部分电机类负荷等。电压暂降和短时中断会引起敏感负荷的不必要动作（跳闸），造成计算机系统失灵、自动化装置停顿或误动、变频调速器停顿等；引起接触器脱扣或低压保护启动，造成电动机、电梯等停顿；引起高温光源（气体放电灯）熄灭，造成公共场所失去照明等。

不同类型的敏感负荷，对电压暂降和短时中断的耐受程度不同，电压暂降和短时中断对其影响的机理也不一样。分析电压暂降和短时中断对不同敏感负荷影响的机理、危害产生的过程和造成损失的大小，找出电压暂降对其影响的最关键部分，有利于更有针对性地采用经济有效的方式，减少电压暂降和短时中断对生产过程的影响。不同负荷的电压耐受曲线，可以用 ITIC 曲线描述，如图 4－1 所示。具体阈值可参照设备参数说明或以实验方式测得。

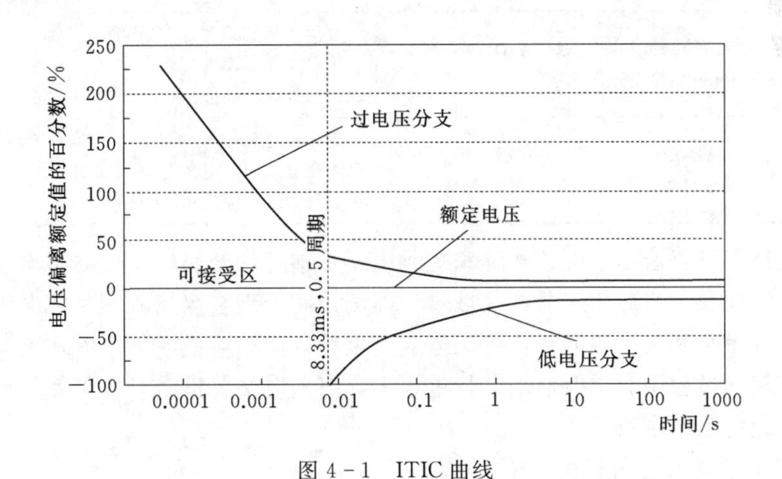

图 4－1　ITIC 曲线

1. 对照明类设备的影响

电压暂降和短时中断对照明类负荷的影响机理由电压暂降和短时中断的特征、照明负荷的电气特性、照明负荷的非电气特性（如拓扑结构、发光机理等）共同作用。例

如，气体放电灯因电压暂降和短时中断熄灭后，需冷却一定时间，待其放电管内金属蒸汽气压下降，金属蒸汽凝结后才会再启动，并随着温度逐步升高，发光越来越强直到正常，其重启的时间与灯的特性、电压暂降和短时中断的特征量有关。

目前，照明类负荷主要有节能灯、白炽灯、LED灯、金属卤化灯和钠灯五类。其中，节能灯主要用于会议室、客房等场所，它们带有外配镇流器或内置小型镇流器；金属卤化灯、钠灯都属于气体放电灯，发光强度大，主要用于路灯、球场、游泳池、大型会议场所等；白炽灯主要用于台灯、地下室照明等；部分白炽灯组合后安装在花灯、聚光灯内，用于舞台、会议室等场所的照明；LED灯主要用于景观灯、汽车灯和室内照明等；荧光灯主要用于室内照明。

有文献通过对不同类型的照明负荷进行电压暂降和短时中断敏感度测试，得到它们对电压暂降和短时中断的耐受水平和启动特性。测试结果显示，节能灯、白炽灯和LED灯对电压暂降和短时中断相对不敏感，恢复后能够瞬时启动；而钠灯和金属卤化灯对电压暂降和短时中断相对敏感，启动过程相对较长，启动特性差。不同类型照明负荷测试结果见表4-1。

表4-1　　不同类型照明负荷电压暂降和短时中断测试结果

类型	启动特性	电压暂降和短时中断响应特性
节能灯	冷态启动不足1s，熄灭后可瞬时恢复照明	电压暂降和短时中断至零，持续超过5ms，人眼可察觉闪烁
白炽灯	瞬时启动，熄灭后可瞬时恢复照明	电压暂降和短时中断至零，持续超过3ms，人眼可察觉闪烁
LED灯	瞬时启动，熄灭后可瞬时恢复照明	电压暂降和短时中断至零，80ms不熄灭，人眼无察觉；超过80ms，熄灭
金属卤化灯	冷态启动约3min。熄灭后冷却时间长，8～10min后恢复正常照明	电压暂降和短时中断至零，持续5ms不熄灭，人眼可察觉闪烁。电压暂降和短时中断超过5ms是否熄灭与暂降的幅值和时间有关
钠灯	冷态启动约5min后进入稳态。熄灭后约20s开始启辉，约3.5min恢复正常照明	电压暂降和短时中断至零，持续5ms不熄灭，人眼可察觉闪烁。电压暂降和短时中断超过5ms是否熄灭与暂降的幅值和时间有关

从测试结果可以看出，电压暂降和短时中断对钠灯和金属卤化灯的影响很大，两者熄灭后启动时间长，当应用于公共区域、比赛场馆和大型会议场所等时，电压暂降和短时中断导致的短时间失去照明，还可能造成严重的政治影响或人员恐慌踩踏等事故。因此，在场馆设计过程中和重要活动进行过程中，应采取必要措施，避免因为电压暂降和短时中断导致的照明中断。

2. 对计算机类负荷的影响

电压暂降和短时中断对计算机类负荷影响的主要诱因是电压暂降和短时中断过程导致的计算机类负荷电源工作异常，从而导致计算机类负荷在电压暂降和短时中断发生时异常关机，造成大量数据丢失。在电压暂降和短时中断对计算机类负荷开关电源产生影响的过程中，电压暂降和短时中断的幅值、持续时间、暂降起始点及相位跳变等变量的不同，都会导致最终影响程度的不同。

有文献研究结果表明，在相同暂降幅值下，暂降的起始点不同，计算机类负荷正常工作的持续时间差别较小。例如，40%暂降幅值下计算机类负荷正常工作持续时间差别最大为23.7ms；35%暂降幅值下计算机类负荷正常工作持续时间差别最小为0.4ms。由于计算机类负荷电源整流桥的存在，减缓了不同暂降起始点对计算机类负荷的影响，由此可知电压暂降和短时中断的幅值、持续时间对计算机类负荷影响较大；起始点对计算机类负荷影响较小。

在相同暂降幅值下，暂降的相位跳变对计算机类负荷正常工作的持续时间影响较小。例如，40%暂降幅值下计算机类负荷正常工作持续时间差别最大为26.7ms；15%暂降幅值下计算机类负荷正常工作持续时间差别最小为0.8ms。由于计算机类负荷电源存在整流桥，减缓了电压暂降和短时中断不同相位跳变对计算机类负荷的影响，相位跳变对计算机类负荷存在一定影响，但影响不大。

当计算机类负荷经过不同幅值的电压暂降和短时中断后，电压恢复到正常值时计算机类负荷重新正常工作所需的时间为：幅值为45%电压暂降和短时中断后，计算机类负荷正常工作重启所需的时间最短为3.73s；幅值为35%电压暂降和短时中断后，计算机类负荷正常工作重启所需的时间最长为4.691s。

综上，对于计算机类负荷，电压暂降和短时中断的几个特征量中，电压暂降和短时中断的幅值、持续时间对计算机类负荷影响较大；起始点和相位跳变影响较小；计算机类负荷的电源特性具有滞环特性。

3. 对电机类负荷的影响

实际生产中，电机类负荷主要分为直流电机和异步电机两种。

直流电机由于多用于精密机床或类似需要精确控制转速和转矩的场合，通常对电压要求较高，设备内部多采用电容器等电压支撑元件，电压暂降或短时中断对直流电机影响很小。

异步电机作为工业生产中广泛应用的设备，电压暂降和短时中断对其影响主要体现在两方面：一是产生较大的冲击电流和冲击转矩，引起电流保护动作，导致电机中断运行、影响生产，甚至损坏电机转子轴；二是当电机带载运行时，电压暂降和短时中断持续时间过长会使电机无法穿越电压跌落区间，从而导致停机甚至烧毁。因此，有必要深入研究电压暂降和短时中断对异步电机运行性能的影响，为电机保护阈值的设定提供重要参考。

有文献以5.5kW、55kW和135kW三台异步电机为例，以仿真手段研究电压暂降和短时中断的暂降幅值、持续时间、初始相位和相位跳变四个特征量对电机冲击电流、转矩峰值、转速最小值和电机临界清除时间的影响。最后，以5.5kW电机为例进行了实测研究，验证仿真计算分析的正确性。

通过仿真和试验得出结论，相位跳变会增大定子冲击电流、冲击转矩，降低转速跌落时转速最小值以及异步电机穿越电压跌落的能力。故在评估电压暂降和短时中断对异步电机运行的影响时应该考虑相位跳变的因素，同时为了保证电机的安全稳定运行，应尽量避免出现大角度的相位跳变；三相对称电压暂降和短时中断中，不同暂降起始点对一相的电流峰值影响很大。但对于三相电流峰值的最大值来说，暂降起始点的影响很小，几乎不会对冲击转矩产生影响。

在工程实际中，用户最为关心的是电压跌落的持续时间对异步电机重启动的影响。如果电压跌落在某段时间内被清除，异步电机就能够重启成功，反之则不能重启成功。将这段时间定义为该电压跌落的临界清除时间。电机临界清除对比图如图 4-2 所示。

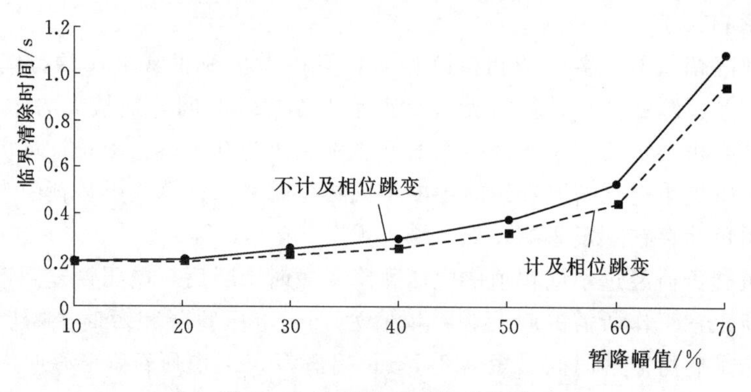

图 4-2　电机临界清除对比图

由图 4-2 可知，当计及相位跳变时，临界清除时间变短，电机穿越电压跌落能力变弱，稳定性降低。这是由于电压跌落瞬间的冲击转矩会影响电机的稳定运行，而当电压暂降和短时中断期间存在相位跳变时，产生的冲击转矩更大，转矩恢复稳态所需时间更长，对电机稳定性影响更严重，故电压跌落后的临界清除时间变短。

4. 对交流接触器类负荷的影响

交流接触器作为连通或切断电路的一种机电设备，在多个行业都有较广泛地应用。

交流接触器是电压暂降和短时中断敏感设备之一，当其经受电压暂降和短时中断时，相关过程控制系统可能被中断，因而会造成用户的巨大损失，尤其在电压暂降和短时中断发生频次较高的地区，损失会更为严重。电压暂降或短时中断对交流接触器的影响为暂降幅值、持续时间、暂降起始点、相位跳变、频率波动以及谐波等电压暂降和短时中断特征量的共同作用，需全面考虑各个特征量在暂降事件对交流接触器影响过程中的作用，考察的典型电压暂降和短时中断事件主要包括多重暂降、由故障升级引起的暂降以及处于免疫曲线上方的电压暂降和短时中断。

暂降幅值与持续时间是影响交流接触器敏感度的重要因素。当暂降幅值高于交流接触器正常工作的临界幅值时，交流接触器不会脱扣；反之，则可能脱扣，且脱扣与否和持续时间密切相关。

有文献的研究结果表明，暂降的起始点对于交流接触器的敏感度曲线有较大的影响。0°起始点下，敏感度曲线在低于接触器正常工作的临界暂降幅值后，随着暂降幅值的降低，持续时间逐渐增长，即暂降幅值越小，交流接触器可保持吸合状态的时间越长；90°起始点下的敏感度曲线在低于接触器正常工作的临界暂降幅值后，随着暂降幅值的降低，持续时间逐渐变短或者不变。

0°暂降起始点下，相位跳变范围在0°～63°（包含63°）时，随着相位跳变值增大，交流接触器正常工作临界电压减小。而当相位跳变范围在63°（不包含63°）～90°范围内时，其正常工作临界电压变化情况则相反。90°暂降起始点下，存在相位跳变情况下的正常工作临界电压较不存在相位跳变情况时大。0°暂降起始点下，对于相同暂降幅值，存在相位跳变时持续时间较小，而90°暂降起始点结论与0°相反。

在电力系统中，单相故障或两相故障由于电弧等因素的影响可能会发展为三相故障，此过程引起的电压暂降和短时中断是一个暂降发生于另一个暂降还未结束时，称为连续电压暂降和短时中断，其电压下降、恢复过程较复杂，对系统中设备影响也较大。

由于恶劣气候条件导致两个或多个电压暂降和短时中断短时内相继发生；或由自动重合闸失败引起多重暂降；自动重合闸成功或故障切除后，由于变压器的励磁涌流会引起另一个暂降，从而形成多重暂降。多重暂降的波形形状对于交流接触器具有较大的影响。多重暂降中，若是先发生较为严重的暂降，然后又发生暂降幅值较大的电压暂降和短时中断，交流接触器的敏感度就会增加；反之交流接触器的敏感度就会下降。

实际生产生活中，电压敏感设备千差万别，无法一一就设备描述，但从电压暂降和短时中断对设备的影响机理和设备类型角度归类，可以明确区分电压暂降和短时中断对各类型电压敏感设备的影响，典型电压敏感性负荷汇总见表4-2。

表4-2　　典型电压敏感性负荷汇总

负荷类型	典型设备	关键行业或场所	电压暂降和短时中断的影响
照明类负荷	节能灯、白炽灯、LED灯、金属卤化物灯、钠灯等	体育场馆、会议中心、城市综合体、大型公共建筑、剧院、医院等	电压暂降和短时中断对钠灯和金属卤化灯的影响很大，两者熄灭后启动时间长，当应用于公共区域、比赛场馆和大型会议场所等时，电压暂降和短时中断导致的短时间失去照明，可能造成严重的政治影响或人员恐慌踩踏等事故
电机类负荷	部分生产线、机床类设备、给煤机、扬机、泵、部分采暖设备及冷却设备	纺织、机械加工、精密制造、化工、煤炭、水处理、城市建筑、大型公共建筑、供暖及供冷、需要冷却设备保障的行业等	直流电机在严重电压暂降和短时中断的情况下，直接跳闸；工业生产中广泛应用的异步电机，电压暂降和短时中断对其影响主要体现在两方面：一是产生较大的冲击电流和冲击转矩，引起电流保护动作，导致电机中断运行、影响生产，甚至损坏电机转子轴；二是当电机带载运行时，电压暂降和短时中断持续时间过长会使电机无法穿越电压跌落区间，从而导致停机甚至烧毁
计算机类负荷	计算机、服务器、PLC等过程控制设备、芯片生产线、精细化工生产设备、通信设备等	普通用户、数据中心、精密制造、精细化工、通信行业等	电压暂降和短时中断对计算机类负荷的影响，主要诱因是电压暂降和短时中断过程导致的计算机类负荷电源工作异常，从而导致计算机类负荷在电压暂降和短时中断发生时异常关机，损坏计算机内元件，造成大量数据丢失，计算或控制过程的终止或紊乱

续表

负荷类型	典型设备	关键行业或场所	电压暂降和短时中断的影响
交流接触器类负荷	精细化工生产设备、芯片生产线、数控机床、制冷设备等，几乎全部自动化生产线	制造业、精细化工、水处理、城市建筑、大型公共建筑、供暖及供冷、需要冷却设备保障的行业等	交流接触器作为连通或切断电路的一种机电设备，在多个行业都有较广泛地应用。交流接触器是电压暂降和短时中断敏感设备之一，当其经受电压暂降和短时中断时，相关过程控制系统可能被中断，因而会造成用户的巨大损失，尤其在电压暂降和短时中断发生频次较高的地区，损失会更为严重

二、电压暂降和短时中断对用户的影响

不同用户的典型用电设备组成、负荷特性、生产行为等存在较大差异，电压暂降和短时中断对不同行业的影响存在很大差异，难以对所有用户进行统计研究，但同行业的用户存在很大的共性。因此，国内国际相关机构和学者在研究电压暂降和短时中断对用户的影响时，多采用分行业分析的方式。

电压暂降和短时中断过程中，工、商业用户单位功率损失比较突出。其中，对于工业用户，暂降单位功率经济损失较大，部分商业用户，如银行、数据中心等，因经济活动特殊性，单位功率经济损失可能高于工业用户。考虑到工业用户的功率通常远大于商业用户，从暂降经济损失总量看，工业用户要远高于其他用户。

针对典型行业的工业用户，意大利、美国学者对其在电压暂降和短时中断过程中的单位功率经济损失进行了调研，调研结果见表4-3。

表4-3　意大利、美国电压暂降和短时中断单位功率经济损失调研结果

单位：欧元/(kW·次)

工业用户	样本数	意大利			美国	
		最小值	最大值	中值	最小值	最大值
食品	7	0.2	31	0.6	2.6	4.3
纺织	1	3.3	3.3	3.3	1.7	3.4
造纸	11	0.1	2.3	0.8	1.3	2.2
石油	1	13.7	13.7	13.7	2.6	4.3
化工	3	0.6	0.8	0.7	4.3	43
塑料	10	0.1	4.3	1.9	2.6	3.9
玻璃	4	0.1	2.4	0.8	3.4	5.2
钢铁	3	1.1	9	5.1	1.7	3.4
电子	3	0.2	23.1	9.6	6.9	10.3
汽车	2	0.7	5.2	3	4.6	6.5

由表4-3可知，对于不同行业，暂降单位功率经济损失差异较大。电子产品价格远高于食品、造纸、纺织等，因此生产中断对其造成的经济损失较大。在统计结果中，对于意大利电子行业，单次暂降单位功率经济损失最大值为23.1欧元/(kW·次)，损

失中位数为9.6欧元/(kW·次)，远高于其他行业。此外，统计结果显示，对于食品行业，暂降单位功率经济损失变化较大，其原因与食品生产工艺有关。美国大部分行业暂降损失较意大利变化较小，但整体水平高，原因在于美国的生产效率较高，反映了暂降损失与经济活动的产值具有相关性。可见，电子行业受暂降影响最大，变化范围大；暂降对汽车和钢铁行业造成的损失类似；造纸行业暂降单次损失最小。

下面分析电压暂降和短时中断对半导体制造业、过程型生产制造业、金融行业、通信行业和其他行业的影响。

1. 半导体制造行业

现代化的半导体生产设备对电力品质问题非常敏感，相对于传统工业来说，半导体制造业具有超微细加工及高洁净度生产环境要求的特点，除需要有极其纯净而且稳定的供水、供气等之外，对供电质量的要求也非常高。

半导体制造设备必须安置在隔绝粉尘的密闭空间即洁净室中，洁净室的洁净度由厂务系统保证。当电压暂降和短时中断发生时，厂务系统中的排气风机变频器会因低压保护而跳闸，从而导致腐蚀性气体无法及时排出洁净室，洁净室内检测到气体指标超标，半导体机台停机；同时厂务监控系统发出报警信号，立即疏散人员，半导体制作过程被迫停止，大量产品报废，单次事故经济损失可高达几百万至几千万元。

在半导体工厂中工艺冷却水（或称制程冷却水、工艺设备冷却水）系统主要用于生产工艺设备的冷却，通过闭路循环为生产设备连续和稳定地提供冷却水，半导体生产设备的温度必须严格控制，若工艺冷却水系统水泵因电压暂降和短时中断意外停机，则会造成价值上千万元的半导体制造机因不能及时得到冷却水进行降温而损坏，机器维修一次的费用就高达几十万元，同时会造成很多产品报废，经济损失巨大。

每一次停机所造成的经济损失在半导体行业是以十万、百万甚至千万计算的，因此电压暂降和短时中断已上升为影响半导体制造厂最为重要的电能质量问题，电压暂降和短时中断造成的损失可以分为：

（1）直接损失：半导体产品硅片损坏和浪费、设备寿命缩短甚至损坏、清理产线的人工成本等。

（2）间接的损失：重新启动生产线需要的时间、产品品质降低、延误交货时间等。

2016年6月18日，西安市长安区变电站起火爆炸，三星位于西安市的半导体工厂成为“最受伤”的公司。西安市变电站爆炸引起的停电，让位于西安市的三星半导体工厂流水线意外停产，“据三星电子估算，由于生产受到影响，损失规模可能达到数百亿韩元（超过亿元人民币）”。三星西安半导体工厂是目前三星电子唯一一个对3D NADA Flash进行量产的工厂。此次事故通过影响3D闪存芯片的产量，进而对全球固态硬盘市场产生极大影响。

正由于半导体行业对电力质量的超高要求，半导体工业协会专门制定了针对半导体工艺设备的电压暂降和短时中断标准半导体行业电压暂降测试曲线（SEMI F47），如图4-3所示。它对半导体设备能承受的电压暂降和短时中断等级的通用免疫能力作出了定义。

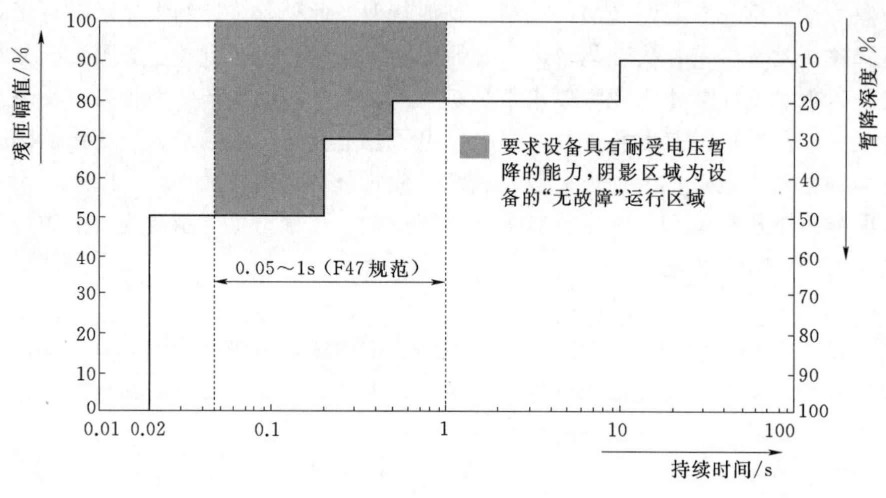

图 4-3 SEMI F47 标准

该标准要求此类设备在遭遇电压暂降和短时中断时在曲线上方能够正常工作。半导体设备被要求按照此标准来进行生产。

2. 过程型生产制造行业

现代工业自动化程度高，大部分生产制造行业为过程型生产企业，生产工艺环环相扣，设备之间存在连锁关系，一旦某一设备或工艺环节停运，就可能影响整条生产线甚至整个工厂的稳定和安全运行，带来十分严重的后果。过程型生产企业的生产活动中，对电压暂降和短时中断较为敏感的元件和设备在 PLC、变频器、总线、接触器、继电器、控制器等中大量使用，虽然这些元件和设备对电压暂降和短时中断的敏感度不尽相同，但是一旦这些元件和设备因电压暂降和短时中断停止工作，整套设备或流水线都会受到影响。相对过程型生产企业来说，一些离散型生产企业受电压暂降和短时中断影响的损失相对要小得多。

虽然各过程型生产制造行业负荷受电压暂降和短时中断影响的程度不同，但是由电压暂降和短时中断引起的停产事故在各行业中均有报道。下面就火电厂、石油化工和煤化工行业、化纤行业、轮胎制造、造纸、玻璃等行业、汽车制造行业受电压暂降和短时中断影响的负荷和造成的损失做简单介绍。

（1）火电厂。长期以来，电网高压输电线路瞬时接地故障造成附近火电机组停机的事件时有发生。原因是电网故障造成的系统电压暂降和短时中断，引起火电厂一类辅机例如给煤机、给粉机变频器低压跳闸，进而使给煤机或给粉机停机，停机信号传给锅炉炉膛安全监控系统（furnace safety supervision system，FSSS）。经逻辑判断，满足主燃料切除（main fuel trip，MFT）动作条件，引起非计划停炉，并由此带来巨大的经济损失。以一台 600MW 机组为例，一次重新吹扫点火的时间约为 2～5h，直接经济损失约 20 万元。

电压暂降和短时中断不仅影响火电厂发电量和设备安全，而且如果靠近故障区域的多台机组同时因为电压暂降和短时中断停机，将会影响大电网的稳定性，造成严重事故，甚至引起大面积停电。

(2) 石油化工和煤化工行业。石油化工和煤化工企业属于大型过程型生产企业，行业技术人员通常将电压暂降和短时中断俗称为“晃电”，电压暂降和短时中断会引起生产工艺中的敏感负荷如润滑油泵、液氧泵、高压煤浆泵、烧嘴冷却水泵等变频器停机和接触器释放，进而引起连锁反应，工厂被迫停产，大量原材料报废。同时，恢复生产需要花费数小时甚至数天的时间，使设备的使用寿命缩短甚至损坏，直接和间接经济损失巨大，最严重的情况可导致重大安全事故。

据多数石油化工企业反映，由于“晃电”导致的一次停产的直接损失就高达百万元以上。以一个年产 60 万 t 的甲醇厂为例，每天生产甲醇约 2000t，一次电压暂降和短时中断引起的停机事故，重新开车到工艺正常约 8h，以甲醇 2000 元/t 计算，直接损失就有约 130 万元。

(3) 化纤行业。在玻璃、化纤或纺织行业中，一个不容忽视的问题就是工艺敏感负荷（如增压泵、熔体输送泵、聚酯搅拌器、计量泵、侧吹风机、环吹风机、浆料搅拌器、高压氯苯泵、拉丝机、织布机等）对电压暂降和短时中断的免疫能力不够。在电压暂降和短时中断期间发生变频器、接触器跳闸事件，引起整条生产线停止，产生大量废品，甚至损坏设备，清理和重新开机也会造成人力、物力和时间的大量浪费。

(4) 轮胎制造、造纸、玻璃等行业。为硫化工艺提供蒸汽的锅炉一旦因电能质量问题发生停机，重新启动恢复的时间在 0.5h 以上，导致硫化工艺的产品全部报废，设备重启前需要数小时清除设备内的垃圾。

(5) 汽车制造行业。现代汽车制造行业自动化程度很高，大部分生产线为机器人或机器手臂操作，生产过程采用预先设定的程序化设计，电压暂降和短时中断对其的影响主要体现在以下几个方面：由于无序断电和上电，电压暂降和短时中断导致损坏部件或加工设备、数控设备需重新设置控制流程；电压暂降和短时中断影响机器人电焊工的焊接质量，甚至需要重新回炉或电焊程序的重启；电压暂降和短时中断使得喷漆线突然停止，在火炉控制重启前，需要 30min 净化空气控制系统；电压暂降和短时中断导致停产的更大影响是需要花费时间在整个生产线再启动上（有报道称，由于 4 个周波的电压暂降和短时中断，需要 72min 才能恢复生产线工作，造成损失可达 7 万元）。

3. 金融行业

现代金融业高度依赖计算机技术、大数据技术和互联网技术，银行、保险、证券等关乎国家经济命脉的机构都建设有独有的计算机中心和数据中心，并配置专有的高度加密互联网通道。电压暂降和短时中断造成的计算机停机或重启，极容易造成数据丢失、网络瘫痪和金融服务中断，对一定范围的金融活动和人民群众经济生活带来极大的损害。

尽管金融行业大多为关键计算机负荷、数据中心和网络服务器等配置不间断电源（uninterruptible power supply，UPS）等供电保障设备，且多有冗余配置，但由于设备运维水平所限，存在供电保障设备不在线的情形。2016 年，在某金融机构委托代维数据中心进行UPS常规检修过程中，检修人员未按规程操作，将所有UPS同时退出运行，检修期间，恰逢雷雨天气，发生多次不同幅度电压暂降和短时中断，造成数据中心停机，该金融机构全国范围内服务中止，所幸该机构数据有异地备份，才未造成更严重的后果。

4. 通信行业

近现代以来，各行业的生产经营活动以及居民日常行为高度依赖互联网、电话等通信手段，大范围的通信中断会带来不可估量的经济损失，甚至导致严重的政治事故。通信行业融合计算机技术、大数据技术、互联网技术和物联网技术等，关键负荷为计算机中心、数据中心、通信基站等，电压暂降和短时中断造成的计算机停机或重启极容易造成数据丢失、网络瘫痪和大范围通信中断，对事故区域的生产生活带来极大的影响，直接经济损失巨大，间接经济损失难以估量。

目前，通信行业大多采用直流供电和配置UPS等供电保障设备的方式来保证可靠供电，但由于电压暂降和短时中断导致通信中断的事故还是时有发生。美国加州某通信公司计算机中心，电压暂降和短时中断导致2s的通信中断，带来60万美元的直接经济损失；杭州某移动电话公司，一次电压暂降和短时中断带来的直接经济损失高达300万元人民币，间接经济损失无法统计。

5. 其他行业

大型商业中心具有人员密度大、人员分布不均匀等特点，个别时段某些区域人员密度极大，易发生踩踏等群体性事件。大型商业中心的电压暂降和短时中断敏感负荷主要是升降电梯和自动扶梯等电机拖动设备、照明设备以及空调等压缩机设备。电压暂降和短时中断可能导致电梯运行急停，造成人员伤亡事件发生；电压暂降和短时中断可能会导致商场内照明设备停运，引起恐慌或踩踏；电压暂降和短时中断可能会引起空调等压缩机设备停止运行，降低商场内人员的舒适度，极端炎热情况下，可能会导致个别人群的健康风险。

公共服务行业涉及的对象广泛，很难以某种特定模型进行分析，但很多公共服务部门都关系到民生、公共安全和国家安全，某些关键用电设备需要采取各种手段保证其接近100%的可靠性。因此，绝大多数关键设备都配备了供电保障设备。以医疗卫生行业为例，用电负荷一般分成照明系统、医疗动力、空调系统、新风机、空调机、风机盘管、应急照明系统等，其中，真空吸引、X光机、CT机、MRI机、DSA机、ECT机等设备主机，烧伤病房、血透中心、中心手术部的电力及照明，CT机、MRI机、DSA机、ECT机的空调电源都属于一类负荷，需要保证不间断供电。在不采用UPS等供电保障设备的条件下，一定程度的电压暂降和短时中断就会导致这些设备的运行异常，严重影响医疗活动和患者生命安全，所幸这些关键设备大多采用可靠的供电保障措施，基本可以避免电压暂降和短时中断可能会造成的影响。

休闲服务行业一般涉及国家公园、博物馆、体育（运动项目、设施、设备、维修等）、影视、交通、旅行、餐饮、社区服务以及由此连带的产业群。休闲服务行业总体对电压暂降和短时中断相对不敏感，但某些设备由于电压暂降和短时中断导致的停运或运行异常，有可能会造成严重的人身安全事故，比如过山车、摩天轮等设备；某些人员密集的休闲娱乐场所的照明、安保等设备，如果由于电压暂降和短时中断导致失效，则可能造成踩踏等群体性事故等的发生。一般情况下，休闲服务行业可以通过设备参数的合理选择、不同照明设备的合理配置、应急保障电源的加装和对重要负荷加装UPS等供电保障设备等手段来避免电压暂降和短时中断带来的影响。

第四节　提高电能质量的措施

提高供电电能质量是一个复杂的系统工程，涉及电力系统、电力电子、自动控制等多个方面，还包括所适用的功率理论的扩展、电能质量评价指标体系的建立、新的电能质量分析方法的提出以及基于用户电力技术的电能质量控制装置的设计与实现。

提高供电电能质量的具体措施分为用户侧治理和电网侧治理两类措施。其中：用户侧治理是指在用户侧加装无功补偿、谐波治理等设备，保障用户电能质量干扰源设备的运行不会对用户其他设备和电网造成影响；电网侧治理是指通过调整电网运行方式、加装无功补偿和滤波器等设备、加强电能质量管理等手段和措施，保证电网电能质量符合国标的要求。改善电能质量的装置和措施很多，以大功率电力电子器件为核心单元的新型装置可以用来有效地抑制或抵消电力系统中出现的各种短时、瞬时扰动，而常规措施则很好地适用于稳态电压调整。

从电能质量治理措施角度，很难把用户和电网区分开，因为很多技术措施具有通用性。本节针对不同的电能质量问题，分别介绍其治理或抑制措施。

一、针对供电电压偏差的措施

电力系统运行时，电压随节点位置、负荷水平不断发生变化。可以说，电压水平的控制既有局域性，又有全局性；既与网络规划有关，又与运行控制密不可分。针对供电电压偏差的措施分为两类：一类是直接调整电压；一类是通过调整无功来调整电压。

1. 通过调压来改善供电电压偏差问题

(1) 用发电机调压。当以发电机母线作为电压中枢点时，在维持发电机额定输出功率的同时，可以通过调节其自动调节励磁装置使发电机输出电压在0.95～1.05倍额定电压范围内变动。这种调压方法不需附加投资，且简便、经济，因此应当充分利用。该调压手段适用于发电机母线直馈负荷的情况，且多采用逆调压方式。如果发电机经多级变压供电，仅用发电机调压，往往不能满足负荷的电压要求。由于发电机要照顾近处的地方负荷，电压不能调得太高。

(2) 改变变压器变比调压。这种方法就是改变变压器绕组间匝数的比例关系，从而改变一侧的电压大小。改变分接头时需要停电的变压器叫无载调压变压器。无载调压变压器调压不需频繁操作，往往只做季节性操作。这种调压手段适合于出线线路不长、负荷变化不大的电压调整。对于出线线路长、负荷变化大的电压调整必须采用有载调压变压器。有载调压变压器又称带负荷调压变压器，它可以在带负荷情况下，根据负荷大小随时更改分接头。目前，有载调压变压器已经在电力系统中得到广泛应用，成为保证电压质量的主要手段。

当系统无功功率电源缺额较大时，系统电压水平偏低。如果此时用有载调压变压器进行调压，使变压器二次侧的电压抬高，则无功缺额全部转嫁到主网上，使主网电压严重下降。这种情况极有可能引发电压崩溃事故。

(3) 改变线路参数调压。减小线路的电阻或电抗均可降低线路的压降，从而提高线路受端电压，达到调压的目的。减小电阻是通过增加线路导线的截面积来实现的。该方法适用于电阻大于电抗的低压电网，而对于电阻小于电抗的高电压电网则收效甚微。增加导线截面积的方法，将使线路投资费用增加，经济上不合理。

目前，高压电网普遍采用减小输电线路电抗的方法实现输电线路参数的改变。减小线路电抗的方法有：①采用分裂导线，在相同导线有效截面积下，导线分裂数越多，线路的电抗越小；②串联电容器，在线路上串联电容器又称为串联电容补偿，串联电容补偿使线路的等值电抗减小，从而降低线路的电压损失，提高了线路末端的电压。

2. 通过无功补偿改善供电电压偏差

保证电力系统各节点电压在正常水平的必要条件是系统具备充足的无功功率调整空间。电力系统中的无功功率损耗很大一部分是线路和变压器中的无功功率损耗。由于高压线路和变压器的等值电抗远大于等值电阻，变压器的无功损耗也比有功损耗大得多，从而导致整个系统的无功损耗远大于有功损耗：系统运行时仅靠发电机提供的无功功率远远不能满足系统对无功功率的需要，因此必须装设大量的无功补偿设备。

无功补偿设备的分布应兼顾调压和减少无功潮流的要求：无功补偿的原则是尽量做到分区、分层、分变电所进行补偿，实现无功功率的就地平衡，并要留有足够的事故无功功率备用容量。在规划设计阶段，无功功率备用容量一般取最大无功功率负荷的7%～8%。电力系统的无功功率电源有同步发电机、同步调相机、电容器、电抗器、静止无功补偿装置和静止无功发生装置等。

(1) 同步发电机。发电机是电力系统中唯一的有功功率电源，同时也是最基本的无功功率电源。发电机不仅能发出无功功率，同时也能吸收无功功率。发电机在吸收系统无功功率的时候称为进相运行。发电机调节无功功率的速度快且不需要额外的投资，因此充分利用发电机改善系统无功功率的平衡是一种十分经济实用的调节手段，其缺点是调节能力不大。

(2) 同步调相机。同步调相机实质上是不带机械负载的同步电动机。改变同步调相机的励磁，可以使同步调相机工作在过励磁或欠励磁状态，从而发出或吸收无功功率。它是最早采用的无功调节设备之一。

(3) 电容器。电容器具有有功功率损耗小（约为额定容量的0.3%～0.5%）、设计简单、容量组合灵活、安全可靠、运行维护方便、投资省等优点。因此，电容器一直是电力系统优先采用的无功功率补偿设备。电容器最大的缺点是其正反馈的电压调节特性不利于系统电压的稳定，当系统故障或其他原因造成电压下降时，电容器输出的无功功率按接入节点电压的平方减少，导致系统电压进一步降低；而当系统电压偏高时，电容器输出的无功功率按接入节点电压的平方增加，导致系统电压进一步升高。此外，常规电容器采用分组投切的形式，这种调节方法是不连续的，每投入或切除一组电容器，可分别使系统电压跳变式升高或降低。因此，应综合考虑容量、电压等级、负荷大小等因素，合理地选择电容器的分组数及每组容量。

（4）电抗器。线路的分布电容所产生的无功功率，即线路的充电功率，与电压的平方成正比，同时与线路的长度成正比。因此，长距离、高电压等级的线路产生的充电功率不容忽视。

作为吸收容性无功功率的主要设备，电抗器一般并联接入220kV以上电压等级的电网。并联电抗器可分为直接接入和间接接入两种。直接接入式并联电抗器具有吸收轻载时线路充电功率，限制线路过电压的作用。间接接入式并联电抗器不但可以限制线路过电压，而且当它与中性点小电抗配合时，还有利于超高压长距离输电线路单相重合闸过程中故障相的消弧，从而保证单相重合闸的成功。《电力系统电压和无功电力技术导则》（SD 325—1989）规定，330～500kV电网应按无功功率分层就地平衡的基本要求配置高、低压并联电抗器，以补偿高压线路的充电功率。一般情况下，高、低压并联电抗器的总容量不宜低于线路充电功率的90%。高压并联电抗器的优点是有功功率损耗小、容量组合灵活、安全可靠，缺点是造价高。并联电抗器也可以接到低压侧或变压器三次侧。这种方式的优点是造价较低，操作方便。

（5）静止无功补偿装置和静止无功发生装置。基于电力电子半控器件的静止无功补偿装置和基于电力电子全控器件的静止无功发生装置具有动态无功功率补偿特性。与同步调相机一样，它们既可向系统输出无功功率，也可吸收系统的无功功率。其动态特性好、调压速度快、调压平滑，而且可实现分相无功补偿，有功功率损耗也比较小。由于它们由静止开关元件构成，因此运行维护方便、可靠性较高。

二、针对频率偏差的措施

电力系统在正常运行方式下，通过改变发电机的输出功率使系统的频率变动保持在允许偏差范围内的过程，称为频率调整。电力系统在非正常运行方式下，针对频率异常所采取的调频措施属于频率控制。

1. 频率调整

频率调整包括频率的一次调整和二次调整。频率的一次调整是指利用发电机组的调速器，对于变动幅度小（0.1%～0.5%）、变动周期短（10s以内）的频率偏差所做的调整。所有发电机组均装配调速器，因此电力系统中投运的所有发电机组都自动参与频率的一次调整。频率的二次调整是指利用发电机组的调频器，对于变动幅度较大（0.5%～1.5%）、变动周期较长（10s～30min）的频率偏差所做的调整。担任二次调整任务的发电厂称为调频厂，担任二次调整任务的发电机组称为调频机组。一般在全系统范围内选择1～2个发电厂作为主调频厂，负责全系统频率的二次调整，另外再选择几个发电厂担任辅助调频厂。

抽水蓄能机组是一种特殊形式的水轮发电机组。当系统处于低谷负荷期间，抽水蓄能机组工作在抽水电动机工况。此时，机组吸收系统多余的电能，把下水库的水抽到上水库，将电能转化为水的势能储存起来。而当系统处于高峰负荷期间，抽水蓄能机组工作在水轮发电机工况。抽水蓄能电站耗水量很小，只需要少量的水源补充上、下水库水的自然蒸发即可维持正常工作，因此抽水蓄能电站可以建在近负荷中心的地方，使调频输出的功率容易满足系统安全稳定的要求，同时经济性能更好。因此，抽水蓄能机组是理想的调频机组，常配合核电机组使用。抽水蓄能机组除担任系统调频任务外，还起到系统"削峰填谷"、调相以及事故备用的作用。

频率的二次调整可经运行人员手动操作或依靠自动装置来完成，分别称为手动调频和自动调频。自动发电控制装置的调频方式主要分为：①恒定频率控制，对系统频率偏差进行无差调节的控制；②恒交换功率控制，控制调频机组出力以保持系统间联络线交换功率恒定的控制；③联络线功率频率偏差控制，维持各地区电力系统负荷波动就地平衡的控制。

2. 频率控制

电力系统在非正常运行方式下，系统频率会出现异常，严重偏离额定频率。如果不采取及时有效的控制措施，系统频率可能崩溃，使电力系统及工业经济遭受重大损失，给人民生活造成不便。

系统频率异常时一般采取以下频率控制措施：

(1) 电力系统应当具有足够的负荷备用和事故备用容量。一般分别按最大负荷的5％～10％和10％～15％配备系统的负荷备用和事故备用容量。在电力供应不足的系统中，必须事先限制一部分用户的负荷，除使发电出力与负荷平衡之外，还需要留有一定的裕度。

(2) 在调度站或变电站装设直接控制用户负荷的装置，并备有事故拉闸序位表。

(3) 在系统内安装按频率降低自动减负荷装置（又称自动低频减载装置）和在可能被解列而导致功率过剩的地区装设按频率升高自动切除发电机（又称自动高频切机装置）等。当系统出现事故引起系统频率降低到超出允许偏差值时，通常最有效的措施是按频率自动减负荷。

三、针对三相电压不平衡的措施

由不对称负荷引起的电网三相电压不平衡可以采用下列措施：

(1) 将不对称负荷分散接到不同的供电点，以减小集中连接造成的不平衡度超标问题。

(2) 使不对称负荷合理分配到各相，尽量使其平衡化。

(3) 将不对称负荷接到更高电压级上供电，以使连接点的短路容量足够大。

(4) 加装三相平衡装置。

四、针对电压波动和闪变的措施

为了抑制电压波动，可以采取以下措施：

(1) 合理地选择变压器的分接头以保证用电设备的电压水平，在新建变电站或用户新增配电变压器时，如条件许可应尽可能采用有载调压变压器。

（2）设置电容器进行人工补偿。电容器分为并联补偿和串联补偿。并联电容补偿主要是为了改变网络中无功功率分配，从而抑制电压的波动、提高用户的功率因数、改善电压的质量。串联补偿主要是为了改变线路参数，从而减少线路电压损失、提高线路末端电压并减少电能损耗。尤其是自动化动态无功补偿技术，比如静止无功补偿器和静止无功发生器，对电压波动都有很好的抑制作用。

（3）线路出口加装限流电抗器。在发电厂10kV电缆出线和大容量变电所线路出口加装限流电抗器，以增加线路的短路阻抗，限制线路故障时的短路电流，减小电压的波及范围，提高变电所35kV母线遭短路时的电压。

（4）采用电抗值最小的高低压配电线路方案。在同样长度的架空线路和电缆线路上因负载波动引起的电压波动是相差悬殊的，条件许可时，应尽量优先采用电缆线路供电。

（5）配电变压器并列运行。变压器并列运行是减少变压器阻抗的唯一方法。

（6）大型感应电动机带电容器补偿。其目的是对大型感应电动机进行个别补偿。在线路结构上使电动机和电容器同时投入运行，电动机较大的滞后启动电流和电容器较大的超前冲击电流的抵消作用，保障其从启动就有良好的功率因数，并且在整个负荷范围内都保持良好的功率因数，对电力系统电压波动起到了很好的稳定作用。

（7）采用电力稳压器稳压。电力稳压器主要用于低压供配电系统，能在配电网络的供电电压波动或负载发生变化时自动保持输出电压的稳定，确保用电设备的正常运行。

五、针对谐波的措施

为保证供电质量，防止谐波对电网及各种电力设备的危害，除对发、供、用电系统加强管理外，还必须采取必要的措施来抑制谐波。这应该从两方面来考虑，一方面是产生谐波的非线性负荷；另一方面是受危害的电力设备和装置。这些应该相互配合，统一协调，作为一个整体来研究，采用技术和经济上最合理的方案来抑制和消除谐波。

1. 合理运行供电系统

适当改变供电系统的运行方式可达到抑制谐波影响的目的。尽可能地保持三相负荷电流的平衡，可以减少高次谐波电流。运行中尽量减少变压器空载，改善电网电压质量，坚决避免运行电压过高。在系统参数可能造成谐波共振时（实测），采用倒换系统错开共振点的办法可能改变无功补偿容量。在存在较大容量谐波源负荷的情况下，可采用提高供电电压等级或采用专线供电，例如专用一台主变压器对该条线路供电等。

2. 减少发电机产生的谐波

对作为电力系统电源的同步发电机来说，提供符合标准的正弦波形电能是对它的基本要求。然而，由于气隙的磁场实际上不完全按正弦分布，产生的感应电动势中必然存在各种谐波。因此，消除或减少发电机产生的谐波，主要在发电机制造过程中采取措施，目前发电机的谐波畸变率通常小于1%，一般而言，可忽略不计。

3. 增加整流设备的脉冲数

整流装置产生的特征谐波电流次数与脉动数有关，当脉动数增多时，整流器产生的谐波次数也增多，而谐波电流近似与谐波次数成反比，因此，当一系列次数较低、幅度较大的谐波得到消除，谐波源产生的谐波电流也将减小。

4. 安装无源滤波器

在谐波源处就近安装滤波器，是在谐波源设备已经确定的情况下防止谐波电流注入电网的有效措施。靠近谐波源吸收谐波电流，是安装滤波器的基本原则。这是因为谐波电流进入高压电网后再采取措施，无论在技术上还是经济上都不合理。

电容元件与电感元件按照一定的参数配置、一定的拓扑结构连接，可形成无源滤波器，能够有效滤除某次或某些次的谐波。理论上讲，当某次谐波滤波器调谐到该频率时，滤波器所呈现的阻抗为零，因而能够全部吸收该次谐波。

目前，无源滤波器根据用途可分为单调谐滤波器、双调谐滤波器、三调谐滤波器和高通滤波器 4 种形式，其如图 4-4 所示。

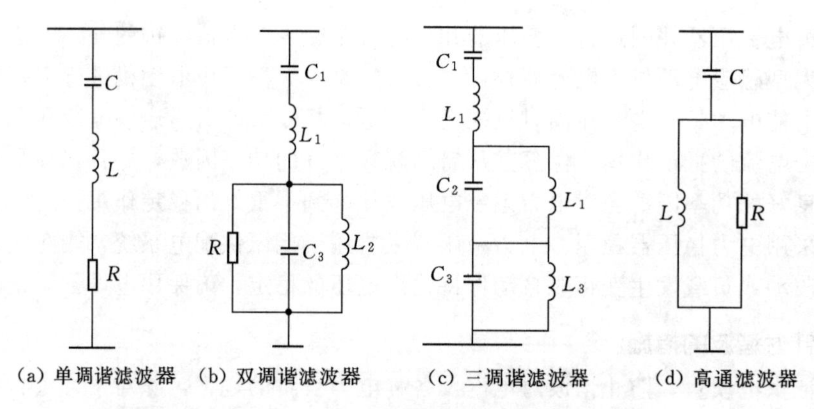

图 4-4　无源滤波器主要形式

单调谐滤波器电路由电容 C、电感 L 和电阻 R 串联而成，通过串联谐振滤除谐波，仅有一个谐振点。其电路图如图 4-4（a）所示。单调谐滤波器是最早出现的滤波器，电路结构及参数配置简单。但由于仅有一个谐振点，因此在实际应用中滤波标准较严时，需要同时使用多个滤波器组，成本高，占地面积大。

双调谐滤波器电路如图 4-4（b）所示，串联谐振回路和并联谐振回路串联组合构成了新的频率阻抗关系，具有两个不同频率的谐振点，其作用可等效为两个并联的单调谐滤波器。双调谐滤波器具有两个谐振点，在功能上可等效于两个单调谐滤波器，节约了成本，减少了占地面积。且发展至今，其基本理论及设计方法都已较为成熟，双调谐滤波器已成为目前应用最为普遍的滤波器形式。

三调谐滤波器典型电路如图 4-4（c）所示。三调谐滤波器是在双调谐滤波器基础上的进一步发展，能够滤除三种不同频率的谐波。但目前三调谐滤波器尚处于研究阶段，其参数设计方面还不够成熟。

高通滤波器，又称低截止滤波器、低阻滤波器，如图 4-4（d）所示，是一种允许高于某一截频的频率通过，而大大衰减较低频率的滤波器。

5．安装有源滤波器

随着全控型功率器件技术的进步及越来越多敏感负荷对滤波效果要求的提高，有源滤波器开始受到人们的重视。有源滤波器采用与交流滤波器完全不同的原理，通过产生与补偿谐波形状一致、相位相反的电流，来抵消非线性负荷产生的谐波电流，以使谐波不会流入公共供电回路。并联型有源滤波器基本结构如图 4－5 所示。

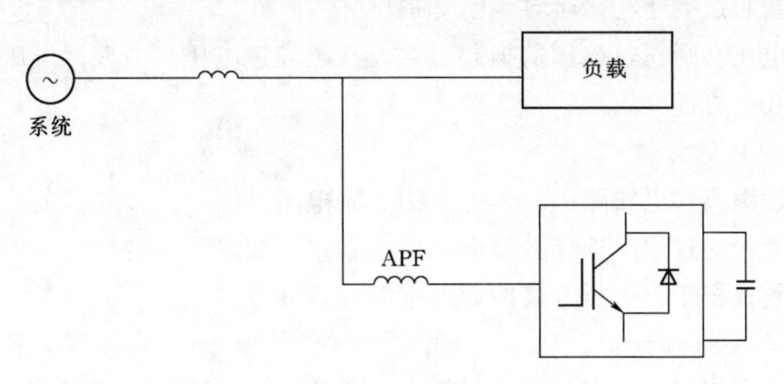

图 4－5　并联型有源滤波器基本结构

与无源滤波器比较，有源滤波器有如下优点：

（1）功能多效、综合补偿谐波和无功、节能降耗。谐波源负载中含有基波电流与谐波电压，有源滤波器实时检测谐波电流分量并产生一个和谐波电流分量幅值相同、相位相反的补偿电流分量，将其注入电网，使电源电流仅包含负荷电流中的基波分量。在装置实际应用过程中，可以综合考虑基波与谐波成分。因此，有源滤波器可以在消除谐波的同时提供无功功率补偿。且其对无功的调节是双向的，既可以发出无功，也可以吸收无功。这一特性使得有源滤波器有了更大的应用空间。

如果综合考虑高次谐波、无功电流和负序电流，则完全可以用一个表达式对其进行描述，区别只在于参考跟踪电流参数的取值不同。由此，有源滤波器可以同时对谐波、无功和负序电流进行补偿，在一定程度上平衡三相负荷电流、电压，抑制电压闪变，不仅能改善电能质量，还能达到节能增效的目的。

（2）控制灵活，实时追踪负荷容量。由于无源滤波装置其实是一组单调谐滤波装置，对于每一高次谐波，只要投入电容器便有固定的容量补偿，但系统中的谐波情况是实时变化的，由于负荷的变化，可能某次谐波的补偿容量达不到要求，也有可能过补。而有源滤波器完全不需要考虑各次谐波的具体成分，只要在其允许的补偿容量内，就可以做到完美的补偿。

（3）避免谐振。无源滤波装置的设计需要复杂的计算和验证，其重要原因是希望避免系统中的谐振现象，而实际情况下，谐振是很难避免的，因为系统的参数、谐波的特性常常是变化的。有源滤波器的工作原理决定其在系统中不会引起谐振，并且可以帮助消除谐振。

（4）体积小，重量轻。由于无需高压大容量的储能元件（如电容器和电抗器），且不需配备专门的滤波装置，故有源滤波器具有体积小、重量轻的优点，通常 380V 供电系统用的有源滤波器只需要一个屏柜的占地面积。

6. 加大供电系统容量和合理选择供电电压等级

供电系统容量越大，系统等值短路阻抗就越小，母线谐波电压水平就越低，提高系统容量是抑制谐波影响和危害的重要措施之一。由于高压电网的短路容量大，有承担较大谐波的能力。因此大容量的谐波源设备，可以由更高一级电压电网供电。

六、针对暂时过电压和瞬态过电压的措施

对暂时过电压和瞬态过电压的抑制，主要从工频过电压、谐振过电压、操作过电压和雷击过电压几个方面介绍。

1. 工频过电压的抑制

在超高压远距离输电线路中。为了限制工频电压升高，大多并联电抗器。超高压线路的充电功率大，通过适当选择并联电抗器的数量、容量及安装位置，可降低线路的充电功率，并有效地将工频电压升高的数值限制在容许范围之内。

2. 谐振过电压的抑制

(1) 在并联电抗器中性点与地之间接入小电抗，若参数选择适当，不但能有效地避免工频谐振，降低开断相的传递过电压，还可降低单相接地故障时的潜供电流以及故障处的恢复电压，从而有利于提高单相自动重合闸的成功率。

(2) 为限制断线谐振过电压，除加强线路的巡视与检修，预防断线事故外，常采用的措施有：①不采用熔断器，避免三相断路器的不同期操作，尽量使三相同期；②在中性点接地系统中，操作中性点不接地的变压器时，可将变压器的中性点临时接地。

(3) 对中性点不接地系统中因电压互感器饱和引起的过电压，可采取以下限制措施：选用激磁特性较好的电磁式电压互感器，或者采用电容式电压互感器；在零序回路接入阻尼电阻，星形或三角形接法的负荷，其零序阻抗等于无限大；增大对地电容；采取暂时改变参数的办法。

3. 操作过电压的抑制

(1) 采用带合闸电阻的断路器。

(2) 采用分断小电流灭弧性能强的断路器，避免发生重燃现象。

(3) 在超高压系统中，降低恢复电压是防止重燃的有效途径，它可以通过带并联电阻的断路器来限制切空线过电压。

(4) 采用磁吹避雷器或氧化锌避雷器限制过电压幅值。

(5) 采用合理的操作方式，使有利因素充分发挥效益。

(6) 其他限压措施主要在降低工频稳态电压和自由分量幅值方面进行考虑。如合理装设并联电抗器以及适当安排操作程序，以限制线路工频电压升高，采用单相自动重合闸和同步合闸（通过专门装置控制，触头间电位差近于零的合闸），以减小暂态值。

4. 雷击过电压的抑制

雷电过电压保护主要包括以下方面：

(1) 设计和运行中应考虑直击雷电、雷电反击和感应雷过电压对电气装置的危害。

(2) 对各电压等级线路可通过适当选择线路绝缘水平、采用避雷线、设置杆塔接地

装置以及采用线路避雷器来减少绝缘子雷击闪络的概率。

（3）发电厂和变电所内的雷电过电压来自雷电对配电装置的直击、反击和架空进线上出现的雷电侵入波。

设置雷电过电压保护的原则是：采用避雷针或避雷线对高压配电装置进行直击雷保护并采取措施防止反击；采取措施防止或减少发电厂和变电所近区线路的雷击闪络并在厂、所内适当配置避雷器以减少雷电侵入波过电压的危害；在采用雷电侵入波过电压保护方案校验时，校验条件一般为保护线路应保证2km外线路导线上出现雷电侵入波时，不引起发电厂和变电所电气设备绝缘损坏。

七、针对电压暂降和短时中断的措施

缓解电压暂降和短时中断的措施包括：①减少短路故障数目；②缩短故障清除时间；③改变供电方式；④安装缓解设备。

1. 减少短路故障数目

减少短路故障数目不仅可减少电压暂降和短时中断的发生，也可减少供电中断事故。因此，减少短路故障数目是提高供电质量最显而易见的方法。然而，真正实施起来并不简单。事实上，电力部门目前已尽最大的努力来减少故障发生的频度，当然就个别情形而言，仍有改进的余地。下面给出一些减少故障的方法：

（1）架空线入地。大部分短路故障是由恶劣的天气或其他外部影响造成的，而地下电缆线路受外界因素的影响就小得多，其故障率比架空线少一个数量级。因而，采用电缆线路送电，能大大减少电压暂降、短时中断和供电中断的概率。

（2）架空线加外绝缘。架空线的一项重要改进是采用外绝缘。通常，架空线为裸导体，采用外绝缘时，导体外附着一层绝缘材料。尽管这一绝缘层不一定能绝对绝缘，但运行实例表明，已能十分有效地降低故障率。

（3）对剪树作业严加管理。电线与树枝间的接触是导致短路的一个重要原因。特别是在重负荷情况下，导线过热会使导线下垂，这将使导线与树枝的接触更易发生。调查表明，高峰负荷时这类短路故障发生的概率很大。

（4）架设附加屏蔽导线。架设一、两根屏蔽导线可有效减少因雷电造成的事故。屏蔽导线可将雷电引入大地，从而保护送电线路免遭雷击。

（5）增加绝缘水平。绝缘水平的提高可有效减少短路故障的发生。应当注意到，许多短路的发生都是由过电压或绝缘老化造成的。

（6）增加维护和巡视的频度。这通常也能有效减少故障的发生。当然如果故障出现的主要原因是天气恶劣，那么增加维护和巡视频度的效果就非常有限了。

2. 缩短故障清除时间

缩短故障清除时间虽然不能减少电压暂降和短时中断发生的次数，但却能明显地减少电压暂降和短时中断的深度及持续时间。缩短故障清除时间最有效的措施是应用有限流作用的熔断器。这种熔断器能够在半个周期内清除故障，使得电压暂降和短时中断的持续时间很少超过1个周波。

3. 改变供电方式

通过供电方式的改变，可以有效降低电压暂降和短时中断问题的严重性。这类方法通常需要很高的代价。下面列出几种通过改变供电方式缓解电压暂降和短时中断的具体措施：

(1) 在敏感负荷附近装设备用电源。该电源将在远距离故障引起的电压暂降和短时中断期间保持电压水平。故障情况下，电源向负荷提供的电流，其百分数等于电压减少的百分数。

(2) 采用母线分段或多设配电站的方法来限制同一供电母线上的馈线数。

(3) 在系统中的关键位置安装限流线圈，以增加与故障点间的电气距离。不过应注意到，这样可能使某些用户的电压暂降和短时中断更加严重。

(4) 对于高敏感负荷，可以考虑由两个或更多电源供电。某个电源造成的电压暂降和短时中断可通过切换到其他独立电源得到缓解，独立电源数越多，缓解的效果越显著。采用这类方法时，电压质量的改善是通过增加更多的线路及配电设备达到的，因而，一般都需要经过投资与效益的权衡。这种方法通常仅适用于对供电质量要求高的工业和商业用户。

4. 安装缓解设备

安装缓解设备是应用最普遍的缓解电压暂降和短时中断的方法，是在供电系统与用电设备的接口处安装附加设备。用户通常很难对配电网络或用电设备本身有所作为；他们所能开展的工作只能是在供电系统与用电设备的交界处安装缓解设备。对这类设备的普遍关注及它们的广泛应用就说明了这一点。缓解设备的举例如下：

(1) 采用 UPS 是解决供电中断的有效方法，同时也能抑制电压暂降和短时中断。当 UPS 采用在线方式时，暂降从本质上得到抑制。采用后备方式时，只要转换速度足够快（采用快速固态开关，切换时间可控制在 10ms 之内），电压暂降和短时中断几乎不会对设备造成影响。然而，采用大容量 UPS 解决电压暂降和短时中断问题，存在价格昂贵、储能设备维护量大等缺点。

(2) 应用动态电压恢复器（dynamic voltage regulator，DVR）。

(3) 提高用电设备的抗扰动能力是解决由于电压暂降和短时中断引起设备跳闸的最有效方法，但是作为快速解决问题的方案却常常不合适。因为，用户通常是在设备安装后才发现设备对电压质量问题的耐受能力不够，而要求设备制造厂家重新设计、制造满足要求的设备，可能需要很长的周期以至于不可能实现。只有对于部分大型设备，用户才有可能依据现场电能质量的水平，提出电能质量扰动耐受能力的要求。

有关提高用电设备抗扰能力的方法可简述如下：

1) 给消费类电子设备、计算机、控制设备等单相、低功率设备内部的直流母线装设更多的电容，将有效延长设备所能承受的最长电压暂降和短时中断的时间，使设备对电压质量问题的耐受能力得到很大提高。

2) 采用宽范围 DC/DC 变换器。这样，即使供电电压降得很低，设备仍能正常工作。

3）对电压暂降和短时中断非常敏感的设备之一是变频调速装置。通过增大直流母线的电容量可有效防止单相和相间故障引起的电压暂降和短时中断。另外，为使变频器能够承受由三相故障引起的电压暂降和短时中断，还需要对换流器或整流器及其控制方法作相应的改进。

4）提高直流调速传动的耐受能力很困难，因为发生电压暂降和短时中断时，电枢电流急速下降，从而转矩下降得非常快。缓解的方法在很大程度上取决于驱动负载的特性。

5）除了提高诸如传动装置和过程控制计算机等电力及电子设备的耐受能力外，对所有接触器、继电器、传感器等器件的耐受能力进行检查分析进而采用一定的措施，也能大大提高整个系统的耐受能力。

6）安装新设备时，应事先从生产厂家那里得到有关设备耐受能力的信息。可能的情况下，有关耐受能力的参数应包含在设备说明书中。

总之，就目前的状况和水平来看，提高设备的电压暂降和短时中断耐受能力还有一定的局限性。因此，只要电压变化不会引起重大损失或导致危险情况发生就已满足基本要求。

不同的缓解策略应针对不同的电压暂降和短时中断形成原因来具体实施：

（1）输电系统短路故障引起的电压暂降和短时中断通常具有持续时间短的特点，典型持续时间为10ms。这些电压暂降和短时中断很难通过在电源或输电系统方面采取措施来得到缓解。缓解这些电压暂降和短时中断的有效方法是改进设备的耐受能力，或当设备改造不能实施时，安装缓解设备。对于小功率设备，采用UPS是最直接的解决方案。

（2）由配电系统故障引起的电压暂降和短时中断的持续时间取决于所选用的保护类型。对于幅度大、持续时间长的电压暂降和短时中断，通过设备的改进来缓解非常困难，而通过改造供电系统来缓解则比较容易。这主要是通过系统结构的重新合理布局和缩短故障清除时间来实现的。

（3）由远方配电系统故障引起的电压暂降和短时中断以及电动机启动引起的电压跌落通常不超过15％。这时，设备如果跳闸，就应该对其性能进行改进。如果电压暂降和短时中断在70％～80％的幅度范围内且持续时间长，造成设备异常，则设法改进供电系统方案通常更合理。

（4）对于供电中断，特别是持续时间长的供电中断，提高设备的耐受能力就不再适用了，而供电系统的改进以及UPS和应急发电机组合的采用都是可行的方案。

第五节　小　　结

本章详细介绍了各类电能质量问题对电网、用户及用户设备的影响。这部分内容主要是对电能质量问题影响的定性描述，实际工作中，可能涉及电能质量对各类对象的定量计算，需要查阅相关文献，结合理论计算和仿真计算两种方法来处理，此类内容过于繁杂，本章未做详细介绍。

本章针对不同的电能质量问题，分别列举出了抑制措施。这部分内容主要是针对抑制措施的定义、特点和适用性作出介绍，并未详细描述每一种抑制措施的原理、计算和选型依据，具体工作中如有需求，需查阅相关文献，结合理论计算和仿真计算来处理。

第五章

电能质量评估

电能质量标准是保证电网安全经济运行、保护电气环境、保障电力用户及设备正常使用电能的基本技术规范，是实施电能质量监督管理、推广电能质量控制技术、维护供用电双方合法权益以及电力监管部门执行监督职能的法律依据。要推进电能质量标准化，必须规范和统一电能质量的评估方法和指标，而在这方面的研究工作还有待深化和完善。

另外，随着经济全球化和工业国际化的发展，需要推进我国电能质量标准与国际权威专业委员会推荐标准及相应试验条件和检测评估方法等一系列规定的接轨，这也需要在研究国际标准的基础上，研究和健全电能质量评估体系，以推动我国电能质量标准化的发展。

随着电力市场逐步解除管制，电能质量的要求与约束直接出现在供用电合同（或保险）中，电能质量成为电力公司提供优质服务的重要标志之一。为了有效地执行电能质量合同或协议，实现按质论价，不论是电力公司、电力用户，还是未来独立的电能质量第三方监管部门，都需要建立被公众认可的、透明的、可操作的电能质量评估体系。

第一节　电能质量评估体系

对于电能质量的评估，目前各国大多都根据相关的电能质量标准，评判电能质量各单项指标是否合格以及是否存在着一定的缺陷。电能质量是一个多指标的综合体，单纯的判断某项指标是否合格，并不能反映整体的电能质量情况，在竞争激烈的电力市场中，对电能质量进行合理的综合评估是建立公平的电力市场的重要条件之一。

长期以来，定量、全面的评估电能质量，一直是电能质量工作者共同追求的目标。目前，电能质量综合评估的研究焦点依然是如何科学、客观地将一个多指标问题综合成单一量化指标问题，已经有多篇文献对电能质量综合评估方法进行了探讨，对电能质量的定量评价做出了有益的探索。电能质量评估分类如图 5-1 所示。

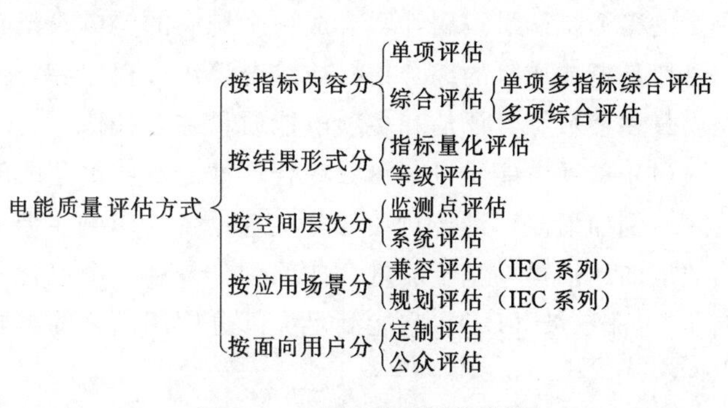

图 5-1　电能质量评估分类

对于电能质量的评估方式，

可以从指标内容、结果形式、空间层次、应用场景和面向对象几个角度分别分类。

一、按指标内容分类的电能质量评估

按电能质量所包含的具体指标内容进行评估是最常见的和普遍采用的方法，它可分为以下两种。

1. 单项评估

电能质量的单项评估是指针对某一个电能质量问题或对其某个特征量进行量化从而得到衡量值的过程。结果的表现形式就是该项电能质量的单项指标，评估结果就是指标值。

电能质量涵盖的内容很多，大致可以分为连续型和事件型。连续型电能质量问题和事件型电能质量的发生在时间上和空间上是随机的。依据统计规律和电力系统运行经验，这些相对独立的随机原因同时发生的概率比较小。

由于引起不同电能质量问题的原因往往不是同时发生的，因此，不论是事件型还是连续型电能质量，在某一时刻或某段时间内，电气设备（元件）承受的电能质量问题往往是某个方面特别突出。例如由故障引起电压暂降的同时，往往还伴随着高频振荡和电压不对称，但在此过程中的电气设备运行状态主要由电压暂降的程度决定，而暂时的波形畸变和电压不平衡等产生的热效应对设备的影响很小，因此，此时需要重点关注和评估的是电压暂降。

用电设备品种繁多，对电能干扰的敏感度各有不同，用户因电能质量问题引起的损失也大小不一，因此，导致关注的程度也不同。对个别或部分质量干扰（如谐波、电压暂降等）有特殊要求的用户，需要有对应的单项干扰衡量指标及限值约束。

另外，在对现场电能质量问题进行诊断时，监测仪器分别检测和分析单项电能质量的参数，将多元化的电能质量问题分解，这样突出了主要电能质量问题，容易找到引起问题的原因并快速解决问题。

因此，对电能质量按现象和特征逐一进行单项评估十分必要。现有的国际和国内评估标准都是针对某电能质量现象建立了单项评估指标。

2. 综合评估

电能质量的综合评估是在单项评估基础上，把部分或全部电能质量问题或某项电能质量的多个特征量按属性联合成一个统一的整体，得到其衡量值的过程，结果的表现形式可以是电能质量的综合指标或综合等级。根据综合评估所包括的内容可以分为单项电能质量多参数综合评估和多项电能质量综合评估。

（1）单项电能质量多参数综合评估。有些单项电能质量问题，衡量它的性能参数比较多，例如谐波，谐波对大部分电气设备的影响主要表现在秒级或分钟级的热效应上，热效应的评估可以基于能量合成原理，采用一个包含各次谐波影响的综合性指标，例如电压/电流谐波 THD，它能满足大部分应用场合的需要，给谐波标准的执行带来了可操作性。

（2）多项电能质量综合评估。虽然电能质量现象及其特征繁多。但是从实际物理过程来看，在同一时刻，所有电能质量的基本特征量是共同作用在同一电气设备上的，设备的工作状态和性能是由该时刻的这些电能质量多项指标共同决定的。因此，多种电能质量事件其对设备性能的影响结果是需要综合多项特征来评估的。

另外，对设备影响接近的多项电能质量问题也需要采用综合评估的方法。例如连续型的谐波和负序对同步电机造成的影响很类似，当衡量谐波电流引起同步电机的附加损耗和发热时，往往折算成等效的基波负序电流来考虑。这就相当于把实时的谐波和负序电流进行综合评估，然后与限值比较以判断对电机的影响。

现代电能质量的衡量指标繁多，不仅使公众难以全面了解，而且加重了市场操作的难度，而电能质量的综合评估可以简化评估结果，增强了执行的可操作性和大众的可接受性。因此，在评估过程中，有必要采用部分项或全部项电能质量的综合评估。根据评估结果的不同，可以分为定量的综合指标评估和定性的综合等级评估。

二、按结果形式分类的电能质量评估

从评估结果形式来看，为了满足不同应用环境的需要，电能质量评估可以分为指标量化评估和等级评估。

指标量化评估是将定义的电能质量指标数值化的计算过程，得到的质量水平是个数值，可以直接与标准规定的兼容水平、规划水平或合同规定的限值水平相比较。这是日前普遍采用的评估结果形式，能够直接地反映问题严重性，并且量化值可以作为电能质量运行控制函数和治理设施设计参数的输入自变量。但是由于网络结构、自然气候条件以及系统内的负荷特性及其分布特点的不同，基于实际监测数据统计的指标值域比较广，量化分散大，如果仅以此指标值作为电力市场供需交易按质定价、按质选货的依据，会带来实际操作上的难度。

定性等级评估是先将电能质量干扰域分成若干区间，然后在量化评估的基础上，根据实际评估水平在干扰域的区间得到评价等级的过程。

三、按空间层次分类的电能质量评估

按电能质量评估的空间层次，可以分为监测点评估和系统评估。

1. 监测点评估

监测点评估是基于监测点电能质量基本特征量进行检测与分析，计算出该监测点实际质量水平的过程。

监测点指标是在一个特定监测周期内对该监测点测量仪器记录的数据进行电能质量特征化分析及统计而产生的，是用以表征该监测点电能质量特性的指标，并作为系统指标计算的依据。典型的时间周期主要是日、周、月（季）、年等。电能监测点往往选择为 PCC 处或用户与电力公司协商的指定点。监测点评估结果精确反映了由该 PCC 处供电的各电力用户的实际电能质量水平，可为执行供电合同的质量条款提供判据，同时也可为监测点之间的质量对比和用户选择接入点提供依据。

2. 系统评估

系统评估是通过再统计或处理各监测点指标，得到整个系统性能评估的过程。这种评估结果可以确定不同网络类型或任何一个被监测系统的典型干扰水平，便于系统的逐年质量对比，有利于促进电力公司改善系统运行条件，也为实现优质经济运行提供信息支撑。

从经济性考虑，电力公司一般不会在每个公共连接点都安装电能质量监测装置，但要反映系统的电压特征，往往不能依据一个监测点的数据，还需要在监测点评估基础上，对系统内所有监测点的数据进行“再评价”，以得到一个可以反映系统供电质量基本情况的系统综合评估结果。系统评价虽然不能精确描述提供给每个独立用户的供电质量，但是可将它看作一个参考水平，以便与不同系统或系统内不同区域的电能质量水平进行比较，也为用户选择接入系统内的具体区域提供依据。

系统评估是按类收集网络内各监测点的特征值来进行的，其表现形式与监测点指标基本相同。系统指标可以是各监测点指标的平均值，也可以是各监测点指标的概率大值，如95%概率大值等。考虑到没有被监测到的站点情况时，一般采用对统计值进行加权的原则。一种加权方式是按照用户赋权，缺点是将用户看作无差别用户，不管大用户还是小用户，不管敏感用户还是非敏感用户，都属于相同权重级别；另一种加权方式是按监测点的平均负荷或用户额定容量赋权，这是在电能质量评估中常用的赋权方法，区别了大用户和小用户的权重，基本上从电能的供给数量上体现了监测点在系统的地位和作用；还有一种加权方式是按负荷的重要性或用户的电能质量经济损失赋权，这种赋权方式是最适合体现电能质量问题严重性的，但是，因为需要对用户展开详细的设备性能及经济损失的调查，并且要规范和统一核算方法，这就导致这种赋权方式实施起来性比较复杂。

四、按照应用场景分类的电能质量评估

IEC的电磁兼容标准从电磁兼容角度提出了兼容评估和规划评估，以反映和衡量电能质量的不同水平要求和应用场所。

1. 兼容评估和兼容指标

IEC 61000-3-6：2008中定义的兼容水平规定了用来协调供电网络中设备的电磁发射特性和抗扰度的参考值，以保证整个系统的电磁兼容性。

为了把实际质量水平与兼容水平相比较而设定的衡量参数就是兼容指标（或特征指标）。对电压质量来说，兼容指标主要反映公共电网中电力用户和电力系统的电磁兼容环境，是量化和总结公共电网电压整体质量水平的指标。若在限值以内，能保证用户设备以较高概率维持在正常运行状态。

量化兼容指标的过程就是兼容指标评估，它是面向电力公司与电力用户之间的兼容性评价，是电能质量评估的主要内容。

2. 规划评估和规划指标

IEC 61000-3-6：2008中定义的规划水平是在规划时评估所有用户负荷对供电系统的影响所用的水平，可以作为供电公司内部的质量目标，在干扰负荷接入系统时作为限值的依据。一般规划水平低于或等于兼容水平。

为了比较实际质量水平与规划水平而设定的衡量参数就是规划指标。以谐波电压为例，IEC 61000-3-6：2008 就规定了不止一个规划指标来衡量短时间内谐波影响：每天（三相中）最大的 3s 非常短谐波分量有效值的 95%概率值，不宜超过规划水平；每周（三相中）10min 短时间谐波分量有效值的最大值，不宜超过规划水平；每周（三相中）3s 非常短谐波分量有效值的最大值，不宜超过规划水平的 1.5～2 倍。

基于电能质量实际运行状况评估的这些极值或较高概率值（如 99%概率大值等）不仅可用于比较系统内部控制目标以保证实际运行时的可靠充裕度，而且可以作为特殊负荷接入系统评估的背景值。

五、按照面向对象分类的电能质量评估

在对用户与系统之间作兼容评估（特征限值评估）时，不同的电力用户会根据自身用电设备对电能质量的敏感性或发射水平，提出个性化的质量需求。为了评估电力用户的不同质量需求，可以分为定制评估和公众评估。

1. 定制评估

定制评估是在兼容评估（特征限值评估）基础上，只针对敏感用户关心的电能质量问题，按需要的结果表现形式进行的评估过程。它是衡量供电系统向敏感用户提供的电力能否达到用户所需的可靠性水平和电能质量水平的工具，可以有效地监督和促进定制电力合同的执行。

根据用户关心的电能质量内容，定制评估可能是单项评估，也可能是综合评估，但更多的是多项电能质量的综合评估；其限值可能是协议合同值，也可能是公共标准等。

2. 公众评估

相对于定制评估，公共评估是针对电能质量无特别要求的电力用户，一般是针对公众用户（包括居民用户等）而言的，是全面评估国家标准已规定的各电能质量现象的过程，是一种典型的全面综合评估。衡量公众电能质量水平，评估方法和结果形式既要统一又要简明。

公众评估反映了消耗电能的普遍质量水平，是衡量电力部门服务水平的重要手段之一，其结果是全社会工业文明和社会文明的标志之一。

六、小结

通过分析各种电能质量评估的目的和内容，可以得到各种评估形式之间的相互关系。

（1）按指标内容、结果形式和空间层次的分类内部之间都是纵向的上下关系。例如，单项评估是综合评估的基础，指标量化评估是等级评估的基础，监测点评估是系统评估的基础。

（2）按指标内容、结果形式和空间层次的分类外部之间的联系是横向的两两交融。例如，不论是单项评估，还是综合评估，结果的表现形式既可以是量化的，又可以是分级的；监测点评估或系统评估包含的内容可能是单项的，也可能是多项或全面电能质量综合评估。

(3) 按应用场景分类的兼容评估和规划评估、按面向用户分类的定制评估和公众评估的内部之间是横向的平行关系。它们可以是按指标内容、空间层次和结果形式分类的任何一种方式。

(4) 按面向用户分类的反映不同电力用户和电力公司之间兼容程度的定制评估和公众评估一般是在兼容评估范围内的。

现场实际检测并收集的电能质量基础数据，经不同指标内容、结果形式和空间层次的纵向计算后，评估的结果最终需要映射到实际应用上，才能达到评估的目的。

第二节 电能质量评估流程

电能质量评估的基础是前端装置的测量数据。这部分数据一般还包括部分单项评估方法和评估结果，如谐波的短时间组合计算过程和结果等。电能质量评估的重点在于将规定的限值、可接受的合同值和测量评估结果进行比对处理。电能质量评估的一般流程包括测量过程和评估过程两部分，见图 5-2。其中评估过程的关键是时间组合及计算方法和相数组合及计算方法的确定。

1. 时间组合及计算方法

对于大部分连续型电能质量问题，需要从长时间的海量数据中提取关键信息，突出该类电能质量问题的必要信息。这就需要对数据在时间上进行组合和压缩，缩减电能质量评估需要的资源。

另外，连续型电能质量问题需要长时间连续监测，如果存储或传输所有的数据，就需要海量的数据通道和数据存储空间，成本过高。经过时间组合压缩后，可以精简数据，节约数据通道和存储空间。

大部分标准采用的短时间组合往往有 3s 和 10min。其中 3s 值体现了连续型干扰对快速响应电力电子类设备的影响，10min 值反映了对传统型电气元件的影响。

由于连接在同一系统上的所有负荷和元件是由人来操作或控制的，由设备工作状态决定的连续型电能质量特征往往也与人们的工作习惯相关，呈现出一定的日或周的周期性。因此，除了 3s 和 10min 时间组合外，电能质量指标的定义还有日和周的时间组合，一般的标准推荐监测时间至少是持续一周。

对于暂态电能质量问题（事件型）推荐的时间组合是 1min。

时间组合计算方法主要包括方均根值法、最大值法、平均值法、概率大值法。其中，概率大值法能够最好地体现电能质量指标的动态性和扰动耐受能力的多样性，同时能够很好地体现小概率事件和显著性水平。因此，电能质量评估中，主要采用 95%概率大值法。

2. 相数组合及计算方法

一般电力系统是三相系统，往往需要评估三相的质量。目前仪器多采用单相检测方法，反映系统或监测点电能质量特征的指标，习惯上采用一个代表值。这就需要对三相电能质量评估结果进行相数组合。

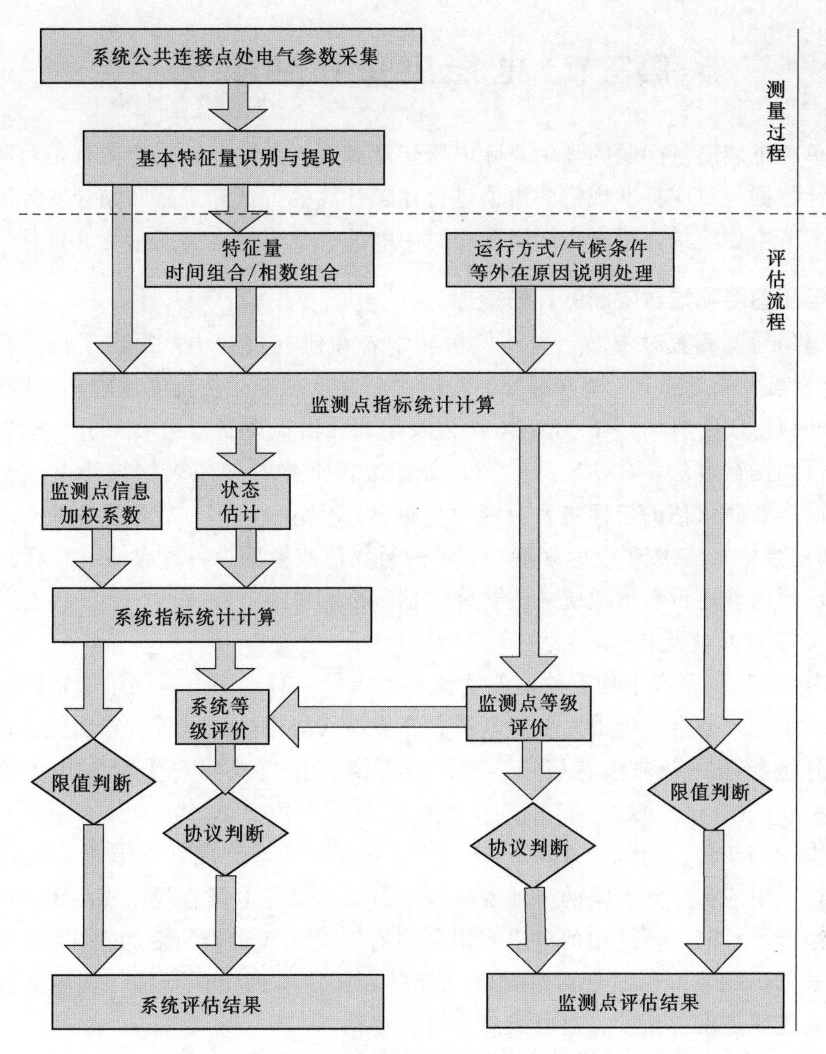

图 5-2　电能质量评估的一般流程

按在不同级别（基本特征量组合、监测点指标计算、系统指标计算）的特征量进行相数结合，可以有三种方式：基本特征量同时进行相数组合和时间组合；在计算监测点指标时采用相数组合；在计算系统指标时进行相数组合。

对事件型电能质量，尤其是不对称的电压暂降和短时间中断，建议按第一种方式进行相数组合，以突出单次事件的严重程度；对于稳态型电能质量，建议在监测点指标计算时进行相数组合，即在监测点指标计算上先分相计算以反映各相相对独立的扰动程度，然后再对各指标取三相中的最大值以体现三相中质量问题的最严重程度（与 IEC 61000-3-6：2008 描述的方法相同）。

对于用户接入电网的电能质量评估，一般基于用户提供的资料和已知电能质量相关的专家库进行比对，结合对区域电网的建模仿真，最终为用户的接入点和对用户的电能质量治理建议提供依据。

第三节　电能质量评估指标

对于单项电能质量问题的评估，除电压暂降和短时中断外，采取的都是监测点测量数据或统计数据与对应标准规定的限值进行比较计算的方法，进行时结合实际系统的建模仿真。本节主要简单介绍电压暂降和短时中断的评估以及电能质量综合评估指标。

一、电压暂降和短时中断的评估指标

对于电压暂降和短时中断，国外机构和学者在研究过程中，提出了许多指标，如《电磁兼容　第4-11部分　电压暂降、短时中断和电压变化抗扰度试验》（IEC 61000-4-11：2004）、IEC 61000-2-8：2002以及南非《供电质量　第2部分　电压特性耐受水平限值和测量方法》（NRS 048-2）等标准，都推荐使用表格统计电压暂降的数量。关于电压暂降评估的指标主要有能量指标（IEEE，2000）、暂降严重指标（IEEE，2001）、模糊指标、SARFI指标（基于一定的暂阈值或敏感设备兼容曲线）等。

目前，国内外还没有形成统一的暂降评估标准和体系。

1. 电压暂降次数指标

（1）SARFIx（系统平均有效值波动频率）指标。对于一个系统中选定的公共连接点来说，SARFIx是指一年中发生的电压有效值在X%以下的电压暂降次数。由于其定义中未区分敏感用户和非敏感用户，因此，不能直接反映用户受影响的次数及损失大小。

（2）SARFIcurve指标。SARFIcurve指标是以电压容许曲线为基准，统计低于电压容许曲线下限或高于其上限的事件发生频率。敏感设备电压容限曲线由用户和敏感设备制造商绘制，目前广泛使用的电压容限曲线有CBEMA曲线（后改为ITIC曲线）和SEMI曲线。SARFlcurve是针对某类敏感设备容限曲线的统计指标，从敏感设备可承受的暂态电能质量事件角度，对电能质量进行评估。

（3）ASTC和ASTS指标。用户平均事件次数指标ASTC和系统平均事件次数指标ASTS，类似于系统平均停电频率指标SAIFI和用户平均停电频率指标CAIFI。

该定义中的事件是指导致用户设备不能正常工作的电压暂降，是系统的电压暂降与用户设备电压容限曲线比较后得到的统计结果，反映了暂降对用户及其负荷的影响严重程度。

2. 电压暂降严重性指标

电压暂降严重性指标把暂降特征与设备容许曲线或暂降响应特性相结合，量化暂降事件对设备或工业进程的影响。考虑电压容许曲线的不确定性，可将电压暂降严重性指标分解为三个严重性指标，即幅值严重程度指标MSI、持续时间严重程度指标DSI、综合指标MDSI。

3. 电压暂降经济性指标

暂降的经济评估，是衡量电压暂降对用户影响的严重程度，反映供电能力，是为供用电双方制定供电合同时提供电价及赔偿方式的重要依据之一。

经济评估通常需要如下信息：节点（或用户）电压暂降情况，包括幅值、频率、相角跳变等信息；负荷的敏感度；暂降引起的用户经济损失的评定标准。

经济指标的准确度很大程度上依赖于大量的统计数据，这些数据需要通过充分的调查统计，甚至有些数据很难获取或供用双方很难达成一致。

4. 电压暂降损失评估指标

电压暂降损失评估对于用户正确了解和认识电压暂降危害，采取合理措施具有重要意义。常用的评估指标有单次事件损失、单位产值损失（年暂降总损失与年产值之比）、单位功率损失（年暂降总损失与用户峰值功率之比）或单位用电量损失（年暂降总损失与年用电量之比）、暂降年损失等，用于比较单个暂降事件对不同行业、不同用户造成的损失，以及总损失。

单次电压暂降事件的成本构成有废品损失、停工损失、生产利润损失、重启动成本、设备成本、其他成本、节省成本。

我国电压电流等级和频率标准化技术委员制定的《电能质量经济性评估　第1部分：电力用户的经济性评估方法》（GB/Z 32880.1—2016）给出了经济损失构成。该标准将暂降损失分为直接经济损失和间接经济损失。直接经济损失是因电压暂降对经济活动造成的人员、设备、财产的损失以及产出为废品的成本支出。间接经济损失只统计因电能质量问题使按计划本应生产出来的产品数量减少或产生次品，从而造成的利润损失。

二、电能质量综合评估指标

1. 定性评估和定量评估

对电能质量综合评估的研究焦点是如何科学、客观地将一个多指标问题综合成单一的性能参数问题，大致可以分为两类。其一是对电能质量进行综合质量等级评定，科学地将多维电能质量现象向一维进行加权归并，是定性评估。其二是电能质量综合指标定义与管理，是定量评估。电能质量综合指标定义的特点是以可接受的限值水平（合同限值、标准限值、监测平均值等）为基准，先将各类电能质量监测结果归一化，再取其最大值、平均值或超过部分的累积值等为综合指标值。

比较以上两种电能质量综合评估方法，它们都能实现综合评估及对结果进行评比和排序。定量评估中定义的各归一化指标是其最大限值的百分比，综合指标不仅凸显最差电能质量问题，而且还能体现该问题与要求限值的偏离度。定义简单，容易理解。

指标的定量化描述有利于运行人员直观判断与决策调控措施。但指标量化的阈值大，如果直接让用户基于定量指标来定价和进行经济性分析，无疑会增加选择的难度和操作的困难。以有限等级划分的定性综合评估却正好可以适应未来电力市场中电能质量等级的选择、定价和竞争的可操作性要求。

2. 基于短板效应的综合评估方法

短板效应是个哲学原理，又称木桶原理，即一个木桶无论有多高，它盛水的高度取决于其中最短的那块木板，要想提高木桶的容量，就应该设法加高最短的那块木板的高度，这是最有效也是唯一的途径。该原理形象地描述了怎样确定一个整体的实力以及怎样提高整体实力的问题，有效地形成了短板激励效应，已广泛应用在安全评估、企业管理、人力资源和经济管理等方面。

同理，电能质量包括幅值、频率和波形等多方面干扰，相互间存在着紧密的依存和制约关系，同一段时间内它们共同作用于电气设备，影响设备的正常运行或使用寿命。在同一时刻，决定设备运行状态的往往是干扰最大的电能质量问题。在评估整体电能质量对用户或电气设备的影响时，基于短板效应的综合评价方法可以突出主要问题，并有效地形成激励机制，促进供电公司改善和提高整体电能质量水平。

第四节　电能质量评估实际工作

实际工作中，针对电能质量的评估是指基于系统电气运行参数的实际测量或通过建模仿真获得的基本数据，对电能质量各项特性指标做出评价并对其是否满足规范要求进行考查与推断的过程。

一、电能质量评估实际工作的分类

实际工作中，电能质量的评估分为稳态电能质量评估和暂态电能质量评估。

1. 稳态电能质量评估

稳态电能质量的评估应包括以下部分：

（1）对单一监测点在某时段内进行评估。

（2）对同一供电公司的同一电压等级在某时段内进行评估。

（3）对不同供电公司的同一电压等级在某时段内进行评估。

一般情况下，对于某公共连接点，稳态电能质量的评估周期应至少为一周，这是因为一般负荷在同一季度中的各周具有相近的用电特性，一周可以包含其不同的生产工艺过程及用电负荷的变化过程。同一公共连接点上的负荷虽然在某一时刻具有随机性，但在一周之内一般能够获取负荷的最小、最大、平均变化水平。

稳态电能质量的评估最终采纳值一般应为$x\%$概率大值，但应给出相同时段的最大值、最小值、平均值。$x\%$概率大值采用累计概率函数通过统计方法获取，而该段时间内可能超出的时间份额仅为$(100-x)\%$，如今，国标中规定的$x=95$。

2. 暂态电能质量评估

如果暂态电能质量超标，将会影响某些对电能质量要求较高的用户（如精密加工工业）。暂态电能质量一般以一个事件为一个记录，对其评估一般也分为以下三个部分：

（1）对单一事件进行评估。

（2）对某一点进行事件评估。

（3）对一个系统进行事件评估。

一般情况下，对暂态电能质量的评估应至少获取一年时间的实测值进行评估分析。

对于典型的暂态电能质量事件，比如电压暂升、电压暂降和瞬时中断，其特征参数为维持电压值（有效值）及其持续时间等，应依据不同的门槛值进行分析评估，同时应从工业设备特别是信息工业设备的兼容水平角度进行分析，从而对用户提供具有参考价值的评估结果。

关于暂态电能质量问题，用户的大容量负荷投切会对其产生一定的影响，但更主要的原因还是电力系统中发生的各种类型的短路故障。

二、电能质量评估实际工作的内容

电能质量评估实际工作主要包括以下五个方面的内容：

1. 公用电网公共供电点的电能质量评估

这部分工作主要采取单项评估的方式，其中包括两项内容：一是检查公共供电点的供电质量指标是否在国家标准限值以内，公共供电点的供电质量指标包括系统频率偏差、电压偏差、三相电压不平衡度、电压波动与闪变、谐波电压含有率、电压总谐波畸变率和电压瞬变等；二是检查电力用户对公共供电点电能质量的扰动是否在国家标准限值以内，电力用户对公共供电点电能质量的扰动主要包括注入公共供电点的谐波电流、负载电流的负序分量、过电流、有功冲击、无功冲击及无功波动、晶闸管换向及开关过程冲击、负荷短路冲击等。

2. 干扰性负荷测试与评估

这部分工作主要针对典型用户设备，根据电网的参数以及设备制造厂商提供的干扰性负荷资料建立对应的评估模型，必要时还要结合实际测试，研究分析干扰性负荷对电能质量的影响程度，如果超出了国家标准允许的限值，则要对其提出治理要求。

3. 电能质量纠纷测试

由电能质量事故造成的经济损失或人身事故等引发的纠纷称为电能质量纠纷。电能质量纠纷测试就是依据《中华人民共和国电力法》《中华人民共和国合同法》等法律法规和电能质量国家标准，通过测量与专项分析确定引起电能质量事故的原因，为解决电能质量纠纷提供科学依据。

4. 电力设备电磁兼容测试

电力设备电磁兼容测试内容很多，与电能质量有关的测试包括：

（1）电力设备正常运行时对供电质量要求的测试，即在规定的条件下改变电源的频率偏差、电压偏差、电压波动、三相电压不平衡、电压谐波、电压瞬变、电压暂降和电压暂升等指标，测试电力设备运行状态的变化情况。

（2）电力设备对电能质量扰动的测试，即在规定的供电条件下测试设备的三相电流不平衡度、谐波发射水平和无功波动水平等。

（3）电力设备进入市场和接入电网的评估，即根据前两项测试数据和有关标准确定该电力设备能否接入电网。电力设备的使用说明书应给出该电力设备有关电能质量的电磁兼容数据（电源水平和扰动水平），供电部门和用户应该根据电力设备接入点的电源条件和电力设备的电磁兼容数据确定该电力设备能否接入电网运行。

5．电能质量控制装置对电能质量改善效果的测试和评估

（1）电能质量控制装置接入系统前的评估。根据供电系统、负载及电能质量控制的有关数据，仿真并计算电能质量控制装置接入系统前后的各项电能质量指标，判断系统能否安全运行；或按相关标准与规程要求，在具备条件的实验室对电能质量控制装置的补偿效果进行实际测试，评估装置的补偿性能是否满足要求。该项工作通常是在设备招标阶段必须要做的。

（2）电能质量控制装置接入系统后的测试和评估。通过对电能质量控制装置接入系统前后实测数据的分析对比，评价电能质量控制装置对电能质量改善的效果。该项工作通常是在设备验收阶段必须要做的。

三、电能质量评估实际工作的原则

为了科学、准确地反映电能质量实际水平，电能质量评估应遵循以下基本原则：

（1）评估指标物理意义明确，且与其对设备或系统的影响严重性紧密相关。

（2）指标的统计应实现在时间上的特征对比，以及不同监测点或系统在空间上的特征对比。

（3）剔除无关信息的干扰，且又不损失必要的信息，真实地反映实际质量水平。

（4）定义的指标和评估方法应简约、可操作，有利于广泛的工程应用。

（5）评估结果应与选定的相关标准限值进行比较。

四、电能质量评估实际工作的一般步骤

一般而言，电能质量评估的基本步骤如下：

（1）选择评估指标。一般选用可参照执行的国际标准或国家标准中所规定的若干电能质量评价指标，或由供需双方商定的电力合同指标。

（2）收集电能质量数据。这包括建立电网与负荷的仿真模型和在系统中装设电能质量监测设备，从中获得对系统电压/流特性描述的基础数据。

（3）选择依据标准。依据标准可以是国家电能质量标准和行业所采用的技术规范标准，或由某专门机构，如IEEE、IEC、美国国家标准学会（American National Standards Institute，ANSI）以及CENELEC等标准组织制定的相关标准，以上依次作为评估的基准。

（4）确定目标性能等级。确定目标性能等级即给出适当的且具有经济性的目标。目标等级可能只限于特殊用户或用户群，并且其要求可能超过基准评估值。

五、实际工作中电能质量指标的表现形式

为了直观体现电能质量评估的指标，可采用以下表现形式：

（1）统计值。通过统计确定各个电能质量指标的95％概率大值、最大值与平均值，将一个工作日内某项质量指标统计的95％概率大值与国家标准比较，适用于对谐波、电压偏差、三相电压不平衡度和电压波动的评估。

（2）柱状图、概率密度与概率分布图。通过图形化界面，直观地表示电能质量数值大小的分布情况，适用于对谐波、电压偏差和三相电压不平衡度的评估。

(3) 日趋势图。确定电能质量问题变化的趋势和作用的时间段，适用于对各种电能质量指标的评估。

(4) 波形图与特征指标。对于动态电能质量问题，完整的波形有利于对该类电能质量问题进行分类，最简单的定位标准是幅值、起止时刻和持续时间三要素。

(5) 电压质量容许曲线。将长时间测量（例如持续一个月以上）所得的电压质量指标，根据幅值（或方均根值）与持续时间作图，考察是否落在由国家标准或国际标准组成的容许曲线内。

(6) 专家诊断系统。利用获得的测量统计数据对电能质量扰动事件进行定位、分类，对其传递范围和发展趋势作出预测，从而为制定最佳控制方案提供依据。

六、用户接入电网的电能质量评估

国家电网公司要求在电能质量管理工作中，要做到精益化管控。其中，要求高压大用户（尤其是非线性负荷含量大的用户）以及大规模新能源发电项目等接入电网前，需要进行电能质量评估，进行电能质量发射特性和耐受特性的分析，从而为电源点选择和电能质量问题治理提供依据。

1. 用户接入电网评估收资清单

(1) 用户简介。

(2) 用户项目概况。

(3) 用户接入系统方案：

1) 接入电网电压等级。

2) 单回路还是双回路。

3) 接入点（上级变电所名称）。

4) 系统接入点的背景电能质量（谐波）数据，即变电所母线的电能质量（谐波）状况。

(4) 电网情况：

1) 电网供电变电所参数（主变容量、主变数量、接线方式、短路阻抗）。

2) 电网和（或）用户接入点母线短路容量。

3) 供电线电缆型号和长度。

(5) 用户配变情况：

1) 用户一次系统图。

2) 用户变压器所带负荷的分配、系统的单接线图。

3) 用户主变数量、参数（容量、额定电压、额定电流、接线方式、短路阻抗、连接组标号）。

(6) 用户设备情况：

1) 用户主要负荷的额定电压、额定电流、容量（功率因数）、数量（按型号分别列出）。

2) 用户除主要负荷外的其他负荷的额定电压、额定电流、容量（功率因数）、数量

（按类型和型号分别列出，如照明、空调等）。

3）用户主要设备的运行方式（工艺流程）、同时率（主要用电设备在同一时间或时间段内，同时在运行的主要用电设备负荷与总主要用电设备负荷之比）等。

4）用户整流或变频设备的整流方式（如6脉冲、12脉冲、24脉冲…）及已经采用的滤波措施；如已经采用了滤波措施，需提供滤波电容器、滤波电抗器设备的参数，即容量、额定电压、额定电流、过电流或过电压倍数等。

5）用户非线性设备（产生谐波、不平衡、冲击的设备）的运行参数：谐波发生量、负序发生量、无功冲击量或冲击曲线（主要负荷类型的《谐波电流测试报告》）。

6）用户负荷的三相平衡度、冲击无功功率参数。

2. 用户接入电网电能质量评估流程

用户接入电能质量评估一般流程如图5-3所示，其核心工作内容是对用户和用户设备的电能质量分级分类。

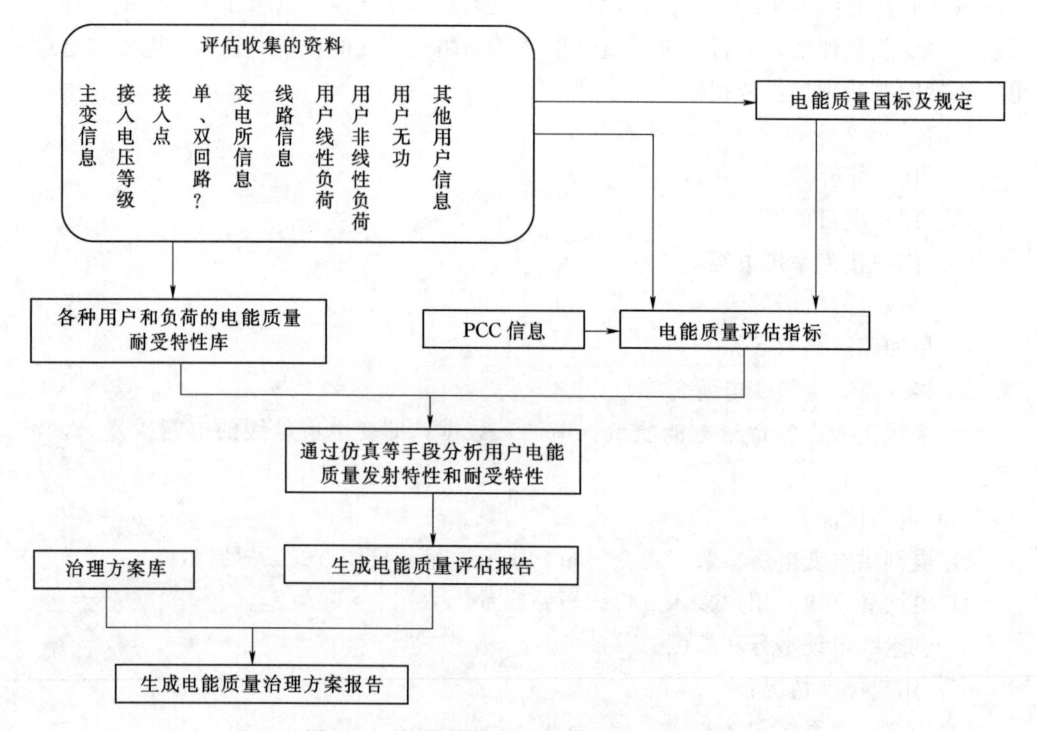

图5-3　用户接入电能质量评估一般流程

第五节　小　　结

社会与科技的进步已经赋予了电能质量更多、更新的内容，建立一套合理的、实用的、与生产实际紧密结合的电能质量评估体系是适应电能质量管理标准化的需要，是建立以系统结构、用户敏感类型和合同要约为变量的未来电力市场与监管框架模型，促进灵活电力市场多层次质量需求的需要。

根据电力系统正常运行状态下的电能质量现象及其特点，将电能质量问题分为连续型和事件型，其中连续型包括谐波、电压不平衡、电压偏差、频率偏差以及电压波动与闪变，事件型包括电压暂降、短时间中断、瞬态或暂时过电压以及长时间电压中断。这种分类方式便于按类型研究电能质量评估的时间组合和相数组合方法，使指标的定义具有一致性。

电能质量的各种评估方式包括单项评估、综合评估、监测点评估、系统评估、规划评估、兼容评估、指标量化评估、等级评估、定制评估和公众评估。

在电能质量评估指标的确定过程中，相关电能质量国家标准既是参考条件也是限制条件。对于电压暂降和短时中断，国家标准中没有明确提出限值，建议采用电压暂降损失评估指标，同时结合各种设备和用户对电压暂降和短时中断的耐受能力来评估。对于电能质量综合评估，建议采用短板理论评估法，具体评估模型过于繁杂，需要应用时可参照相关文献。

对于电能质量评估工作，除了要了解其分类、工作内容和基本原则等外，在实际工作中，必须遵循相关电能质量标准，还需充分研究地方供电公司对于电能质量评估的规定和导则。

第六章 电能质量敏感用户分级

对于系统中的用户来讲，从电能质量角度进行分级是供电企业进行用户服务和用户管理的需要。

本章主要介绍电能质量敏感用户分级的背景、依据、分级方法。对于电能质量敏感用户分级依据中的电能质量标准、电能质量问题对用户的影响、电能质量问题治理手段、电能质量评估等内容，已经在前述章节中有所描述，本章不再赘述，只对不同行业的供电系统设计规范简单描述。对于用户电能质量问题的经济性评估，GB/Z 32880.1—2016 给出了详细的说明，本章将重点描述其中电能质量造成的经济损失这部分内容。

对于用户对单一电能质量问题的敏感度分级，本章只对谐波、电压暂降和短时中断这两种实际工作中最关注的电能质量问题展开描述。

对于电能质量敏感用户的分级方法，本章融合前述章节相关内容和实际工作需求，总结了一种实用的电能质量用户分级方法。

第一节 概 述

一、电能质量敏感用户分级的必要性

电能质量是用户电力设备与接入点提供电力的兼容问题，电能质量扰动给电力用户和配电网造成严重的经济损失，电能质量治理是双边问题，需要配电网与电力用户协作完成。用户因敏感负荷性质、所占比重不同，对供电质量有不同需求，电能质量治理成本随治理设备容量和有效范围的增大而增加，按用户电能质量需求进行分级，把敏感负荷从不易受电能质量波动影响的普通负荷中隔离出来采用定制电力技术进行特殊供电，对不同电能质量扰动现象采用有针对性的优质供电方案，可以在保证区域电能质量治理有效性的同时，大大节约治理成本，提高电能质量治理的经济性和可行性。

电能质量治理工程的初始投资及运行维护成本较高，配电网和电力用户作为电力市场中的经济核算单位，在解决电能质量问题的同时还需要考虑投资的经济效益。在保证治理方案技术有效性的基础上，配电网根据不同治理方案成本效益分析结果确定每一电能质量等级的供电方案；电力用户根据自身电能质量需求选择具有合适技术参数的电能

质量等级，并利用电能质量经济性评估方法评估所选供电等级的经济性，最终选择合适的电能质量等级减少自身电能质量经济损失，提高经济效益。

二、研究现状

IEC 61000－2－4：2002依据谐波对用户的影响，对系统谐波划分了三个等级，分别为对电能质量敏感的供电系统（第一级）、公共供电系统（第二级）以及工厂或其他非公用供电系统（第三级）。国内对电能质量分级的研究，大多数是在研究电能质量综合评估时，给出的一个电能质量分级方案。

三、电能质量敏感用户分级的依据

本章电能质量分级的依据分为技术和经济两部分。其中：技术依据主要为电能质量对敏感负荷影响分析和不同行业电力系统设计规范；经济性依据为电力用户和配电网受电能质量影响造成的经济损失量。

第二节　不同行业供电系统设计规范

电能质量敏感用户分级需要符合各行业用户电气设计标准、规范的要求。

《供配电系统设计规范》（GB 50052—2009）规定了民用建筑电气设计必须遵循的基本原则和应达到的基本要求，包括供配电系统负荷分级、供电要求、保护装置、应急电源等方面。其中，用户用电负荷根据供电中断造成的损失或用户生产生活受影响程度的大小，分为一级、二级、三级负荷。规范规定中断供电将造成人身伤亡、重大影响或重大损失，有可能破坏有重大影响的用电单位的正常工作，或造成公共场所秩序严重混乱的为一级负荷。如重要通信枢纽、重要交通枢纽、重要经济信息中心、承担重大国事活动的会议中心等。若中断供电将造成较大影响或损失、影响重要用电单位的正常工作或造成公共场所秩序混乱的为二级负荷。不属于一级和二级的用电负荷应为三级负荷。

各行业相关人员以GB 50052—2009为基本规范，结合自身负荷特点，制定了本行业适用的电气设计规范。

《医疗建筑电气设计规范》（JGJ 312—2013）对医疗建筑内电气设备工作场所分类及配电方式的规定见表6－1。规定急诊抢救室、重症监护室、血液透析室、手术室、心血管造影检查室等医疗场所中照明和生命支持电气设备及大型生化仪器为特别重要的一级负荷，自动恢复供电时间t满足$t \leqslant 0.5s$；急诊部、手术室、影像科、放射治疗、婴儿房、重症监护室、血液透析室等医疗场所及消防、监控、报警等保障系统为一级负荷，自动恢复供电时间t满足$0.5s < t \leqslant 15s$；普通病房、理疗室、消毒室等二、三级负荷自动恢复供电时间t满足$t > 15s$。

《电子信息系统机房设计规范》（GB 50174—2008）将数据中心划分为A、B、C三级，可确定不同等级机房系统供电要求，见表6－2。

数据中心供配电系统的总体要求见表6－3。

表 6-1 医疗建筑内电气设备工作场所分类及配电方式的规定

部门	医疗场所和设备	场所类别			自动恢复供电源时间 t		
		0	1	2	$t \leqslant 0.5s$	$0.5s < t \leqslant 15s$	$t > 15s$
门诊部	门诊诊室	√					
	门诊治疗室		√				
急诊部	急诊诊室	√				√	
	急诊抢救室			√	√	√	
	观察室、处置室		√			√	
住院部	病房		√				√
	血液病房净化室、产房、早产儿室、烧伤病房		√		√	√	
	婴儿室		√			√	
	重症监护室			√	√	√	
	血液透析室		√		√	√	
手术部	手术室			√	√	√	
	术前准备室、术后复苏室、麻醉室		√		√	√	
	护士站、麻醉办公室、石膏室、冰冻切片室、敷料制作室、消毒敷料室	√				√	
功能检查室	肺功能检查室、电生理检查室、超声检查室		√			√	
内窥镜室	内窥镜检查室		√			√	
泌尿科	泌尿科		√			√	
影像科	DR 诊断室、CR 诊断室、CT 诊断室、		√			√	
	导管介入室		√			√	
	心血管造影检查室			√	√	√	
	MRI 扫描室		√			√	
放射治疗室	直线加速器、γ刀、深部 X 射线治疗室等			√			
理疗科	物理治疗室		√				√
	水疗室		√				√
检验科	大型生化仪器	√			√		
	一般仪器	√				√	
核医学室	ECT 扫描间、PET 扫描间、γ像机室、服药室、注射室		√			√	
	试剂配制室、储源室、分装室、功能测试室、实验室、计量室	√				√	
高压氧室	高压氧仓		√			√	

续表

部门	医疗场所和设备	场所类别			自动恢复供电源时间 t		
		0	1	2	$t \leqslant 0.5s$	$0.5s < t \leqslant 15s$	$t > 15s$
输血科	贮血	√				√	
	配血、发血室	√					√
病理科	取材、制片、镜检室	√				√	
	病理解剖室	√					√
药剂科	贵重药品冷库	√					√
保障系统	医用气体供应系统	√				√	
	消防电梯、排烟系统、中央监控系统、火灾报警和灭火系统	√				√	
	中心（消毒）供应室、空气净化机组	√					√
	太平柜、焚烧炉、锅炉房	√					√

表 6-2　　不同等级机房系统供电要求

级别	依　　据	配　电　要　求
A 级	系统运行中断将造成重大的经济损失或公共场所秩序严重混乱	原则：不应因配电设备故障、维护和检修而导致电子信息系统运行中断，设置容错措施
B 级	系统运行中断将造成较大的经济损失或公共场所秩序混乱	原则：不应因配电设备故障而导致电子信息系统运行中断，设置冗余措施
C 级	非 A 级、B 级	原则：保证电子信息系统运行不中断，不考虑冗余、容错措施

表 6-3　　数据中心供配电系统的总体要求

项　目	技术要求			备　注
	A 级	B 级	C 级	
稳态电压偏移范围/%	±3		±5	
稳态频率偏移范围/Hz	±0.5			电池逆变工作方式
输入电压波形失真度	≤5			电子设备正常工作时
零地间电压	<2			
允许供电中断时间/ms	0～4	0～10	—	
不间断电源系统输入端电流畸变率含量/%	<15			3～39 次

《优质电力园区供电技术规范》（DL/T 1412—2015）将供电电能质量水平划分为基本供电（CP-A 级供电）、优质供电（CP-AA 级供电）和最优供电（CP-AAA 级供电），优质电力园区供电质量等级指标见表 6-4。实际优质电力园区建设中，用户可根据实际特殊需求提出补充指标与供电方协商。

以上各类行业的供电系统设计规范中，通过分级的方式对供电系统的可靠性和电能质量提出了明确的要求，可以为电能质量敏感用户的分级提供重要依据。

表 6-4　　优质电力园区供电质量等级指标

供电质量等级	指　标
CP-A级	(1) 稳态电能质量指标满足国标要求。 (2) 供电可靠性满足平均停电持续时间在4h/(户×年) 以下
CP-AA级	(1) 稳态电能质量指标满足国标要求。 (2) 供电可靠性满足平均停电持续时间在1.7 h/(户×年) 以下。 (3) 单路供电电源故障，短时电压中断小于20ms；双路供电中断，短时电压中断小于20s
CP-AAA级	(1) 稳态电能质量指标满足国标要求。 (2) 供电可靠性满足平均停电持续时间在5min/(户×年) 以下。 (3) 不出现短时电压中断。 (4) 基本不出现电压暂降/暂升现象，或电压暂降/暂升持续时间不超过0.5个周波

第三节　根据经济损失类型对用户分级

电能质量问题给用户造成的损失是进行电能质量敏感用户等级划分的经济性约束条件，也是评估等级划分方案及供电模型经济性的重要指标。用户电能质量经济损失由直接经济损失和间接经济损失构成。

一、直接经济损失

电能质量直接经济损失是因电能质量问题对经济活动造成的人员、设备、财产的损失以及产出为废品的成本支出。电力用户生产方式、用电负荷不同，导致电能质量经济损失构成不同。

1. 废品损失

废品是指由于电能质量影响而造成的产品质量不符合规定的技术标准，不能按原定使用用途，或者需要加工修理后才能按原定用途使用的在途产品、半成品和产成品。废品可能在生产过程中被发现，也可能入库后被发现。由于产生废品而发生的损失为废品损失。包括不可修复废品的生产成本及可修复废品的修复费用。

不可修复是指（半成品）产品在生产进程中被中断，造成其不可维修，也不能在后续过程中使用或作为质量较低的产品销售。

不可修复废品的成本是指生产这个不可修复废品已形成的成本，一般包括以下方面：

（1）不可修复的原材料成本，其为直接材料成本与产品报废价值或残值之差。

（2）生产这些废品已消耗的直接人工成本，其为已消耗的工时与人工单价的乘积。

（3）生产过程所损失的不可恢复的能源动力费用。

（4）在生产过程中分摊的制造费用，例如固定资产按规定计提的折旧费、从外部租赁的各种固定资产等的租金等。

可修复废品是指技术上可以修复或返工，而且所需修复费用在经济上是合算的废品。可修复废品一般经过修复，即可成为合格产品。可修复废品的修复成本是指可修复废品在返修过程中发生的各种修复费用，包括以下方面：

（1）修复所需的额外人工成本，其等于修复所需时间与人工单价的乘积。

（2）修复所需的其他直接材料费用，其等于材料数量乘以材料单价。

（3）修复过程中所分摊的制造费用。

2. 停工损失

由于电能质量问题造成用户经济活动中断后，会造成被停生产线的人员停工。停工持续时间是电能扰动导致经济活动中断开始，到全部经济活动恢复到正常运营状态为止。停工损失是指车间或班组、部门在停工期间发生的各项费用，包括以下几个方面：

（1）停工期间人工成本，其等于停工时间乘以人工价格。

（2）停工期间因不能长期存放的原材料过期造成的损失。

（3）停工期间分摊的制造费用，例如停工期间的固定资产按规定计提的折旧费、从外部租赁的各种固定资产等的租金等。

3. 额外检验费用

额外检验费用是因受电能质量影响，为剔除废、次品确保产品质量而增加产品检验次数和检验范围所产生的额外费用，包括以下几个方面：

（1）若电能质量问题导致用户生产设备或流程无法正常运行，则与受影响的设备或流程相关的产品均需要进行计划外的检验以确保产品质量，从而产生了额外检验费用。

（2）因电能质量问题导致产品总体合格率下降，为保证产品质量增加计划外的检验次数和范围而产生的费用。

4. 生产补救费用

生产补救费用包括以下几个方面：

（1）加班人工成本，其等于加班时间乘以人工价格。

（2）加班期间额外的制造费用，包括加班补贴、运行成本、为向用户及时交货而需要运输加急的补贴等。

5. 重启动成本

如果用户经济活动过程因电能质量扰动突然中断，为达到可重启动的条件，需要投入额外的时间和人力、物力来进行生产线清理。若某个过程中断，则其他辅助过程，如加热、冷却和过滤等水、气、温度控制系统等也可能停止。这些辅助过程必须在基本经济活动过程重启动前重新进行设置、检查并确认恢复到重新运行状态，这也需要额外的投入。与上述两个方面相关的成本为重启动成本。如果在中断的过程中，由自备电源供电，则自备电源的启动、运行，直至到恢复正常供电为止，所有发电设备的运行成本也作为重启动成本的一部分。因此重启动成本包括以下方面：

（1）清理生产线以达到可重启动条件的费用，包括清理人工成本，与清理工作相关的其他费用例如工具租赁或使用费、生产残余运输费、清洗费等。

（2）辅助过程重新校验、维修、设置与启动的费用与不得不浪费的水、气等费用。

（3）自备发电成本。

6. 设备成本

设备成本是指因电能质量扰动引起经济活动突然中断或非正常运行而对固定资产设备造成的损失，包括以下方面：

(1) 设备损坏调换成本。

(2) 设备修理成本。设备修理成本可分为故障现场检修成本和设备返厂修理引起的其他费用。

故障现场检修成本包括设备维修人工成本、设备维修耗材成本、检修工具的租赁使用费、设备维修后所需的调试费。

设备返厂修理引起的其他费用包括土建及环境破坏后的修复费用、设备起吊费用、设备运输费用、设备修理费用。

(3) 设备提前老化费用。因受电能质量影响致使使用寿命缩短，从而增加的设备成本年值。

(4) 与设备更换或修理相关的其他耗费，例如因检修设备而需要放弃的原来储存的水、油、气、热等。

7. 额外电费成本

(1) 额外电能损耗成本。谐波会造成用户线路及用电设备的额外损耗及发热，变压器、感应电机、电容器等主要电气设备的附加损耗。三相不平衡导致电压、电流中含大量负序分量。负序电流造成电动机损耗增加，线路总损耗增加。低压系统三相电流不平衡产生中性线电流，带来额外电能损耗。

(2) 额外容量电费成本。因谐波电流或不平衡电流造成变压器等设备需要扩容建设或降容运行，从而形成额外容量的电费成本。

(3) 超约容量成本。当用户因电能质量问题不得不进行电源切换时，引起契约容量超约，形成超约容量成本。

8. 其他直接成本

用货币单位表示的因电能质量问题引起的其他成本，包括但不仅限于因未履行合同或超过合同期限而产生的罚款、与用户电能质量扰动相关的罚款或惩罚、人员与设备的疏散成本、人员受伤而无法工作的成本。

另外，电能质量造成的直接损失，需要去除被动节省费用和责任补偿收益。

被节省费用是指用户经济活动中断后有可能被迫节省费用或延后费用支出等。被动节省费用可以是未付（合同工或临时工）工资的节省费用、能源费用的节省费用、其他具体的节省费用等。

责任补偿收益是因公用配电网或其他用户电能质量问题给用户造成经济损失，由责任方承担的责任费用。

二、间接经济损失

电能质量间接经济损失为电能质量造成的用户应得未得利润，涉及范围广泛且部分成本现阶段难以量化，一般只计算用户因电能质量问题使得按计划本应生产出来的产品数量减少或产生次品，从而造成的利润损失。

虽然标准中明确列出了用户电能质量损失计算的方法，但实际的电能质量纠纷中，供用电双方大多数时间难以对损失金额达成一致，但这并不影响其作为电能质量敏感用户分级的重要依据。

第四节 根据谐波、电压暂降和短时中断对用户分级

谐波、电压暂降和短时中断是实际工作中最被关注的电能质量问题，同时也是给用户造成损失最大、用户投诉最多的电能质量问题，尤其是电压暂降和短时中断。本节分别列举一种相对客观且易执行的谐波、电压暂降和短时中断敏感用户的分级方法。

一、谐波敏感用户的分级方法

本谐波综合等级划分主要针对的是10kV系统，其他电压等级可依据本方法和对应的谐波限值制定划分原则。本方法将谐波综合等级主要分为5级，谐波敏感度分级见表6-5。

表6-5　　谐波敏感度分级

等级	1	2	3	4	5
THD/%	≤3	≤4	≤8	≤10	≥10

表6-5中，等级1表示特殊需求等级，当用户需求的谐波电压在该等级时，可能需要自行加装治理设备；等级2为供电部门需要保证的等级；等级3即使系统谐波的兼容等级，也是正常情况下，系统电压 *THD* 可能达到的等级；等级4属于安全警戒等级，即当系统谐波电压 *THD* 处于该等级时，该监测点附近可能运行于异常状态；等级5为运行异常等级，当系统谐波电压处于该等级时，说明该监测点附近出现了谐振或系统运行方式异常。

二、电压暂降和短时中断敏感用户分级

电压暂降和短时中断敏感用户的分级主要依据的是前述章节介绍的电压暂降和短时中断对用户设备和用户本身的影响。

从IEEE列举的一些典型设备的敏感度曲线上限值可以看出，大多数敏感设备的敏感曲线上限和计算机的敏感曲线相似，另外可知，实测的计算机敏感曲线上限和ITIC曲线近似，CBEMA或者ITIC曲线虽然起源于计算机领域，但该敏感度曲线也可以作为其他大多数敏感设备的敏感曲线。这也是可以用ITIC或CBEMA曲线制定一些电压暂降和短时中断指标（如SARFI. CBEMA指标、SARFI. ITIC指标、SARF. SEMI指标等）的原因。

虽然大多数敏感设备的敏感度与计算机类似，然而也有部分用电设备，如电机启动器、金属钠灯等，对电压暂降和短时中断的敏感度并没有像计算机等设备那么敏感，它们能够承受住60%的残压。因此，ITIC曲线可以代表大多数设备的敏感曲线，但仍有

其局限性。

综合考虑SEMI曲线、ITIC曲线以及各类设备的电压暂降和短时中断敏感度，对电压暂降和短时中断敏感用户的分级见表6-6。

表6-6 电压暂降和短时中断敏感用户的分级

残压U/%	持续时间t/s						
	$t \leqslant 0.02$	$0.02 < t \leqslant 0.05$	$0.05 < t \leqslant 0.1$	$0.1 < t \leqslant 0.2$	$0.2 < t \leqslant 0.5$	$0.5 < t \leqslant 3$	$t > 3$
$90 > U \geqslant 70$	A	A	A	A	A	A	A
$70 > U \geqslant 60$	A	A	A	A	A	C	C
$60 > U \geqslant 50$	A	B	B	B	C	C	C
$50 > U \geqslant 40$	A	D	D	D	E	E	E
$40 > U \geqslant 30$	A	D	E	E	E	E	E
$U < 30$	A	D	E	E	E	E	E

注：残压U为剩余电压有效值和额定电压有效值的比值。

表6-6中，各区域代表的含义为：A区域代表一般敏感设备受影响的区域；B区域代表半导体生产企业受影响的区域；C区域代表计算机类设备、PLC、交流继电器以及半导体生产企业受影响的区域；D区域代表半导体生产企业和电机驱动装置以及金属钠灯受影响的区域；E区域为所有敏感设备的敏感区域。

当已知落在各电压暂降和短时中断区域的次数时，则可得到各类敏感设备受到影响的次数：

可能对计算机、交流继电器、PLC造成影响的暂降次数为B的次数+C的次数+D的次数+E的次数。

可能对半导体生产企业造成影响的次数为C的次数+D的次数+E的次数。

可能对金属钠灯、电机驱动装置造成影响的暂降次数为D的次数+E的次数。

如果已知各类设备对受电压暂降和短时中断影响的分级系数，则可得到表6-6中各区域的严重度系数分别为：

设计算机、继电器、PLC受暂降影响的分级系数为$k1$；半导体生产企业受电压暂降和短时中断影响的分级系数为$k2$；金属钠灯、电机驱动装置受电压暂降和短时中断影响的分级系数为$k3$。

则A、B、C、D、E各区域的电压暂降和短时中断的分级系数ka、kb、kc、kd、ke分别为

$$ka = k0$$
$$kb = k0 + k1$$
$$kc = k0 + k1 + k2$$
$$kd = k0 + k1 + k3$$
$$ke = k0 + k1 + k2 + k3$$

式中 $k0$——电压暂降和短时中断分级系数初始值，依据区域情况确定。

本节介绍的谐波、电压暂降和短时中断敏感用户的分级办法具有一定的通用性，且阈值可以根据区域实际情况适当调整。

第五节　根据单一电能质量对用户分级

对于单一电能质量敏感的用户，内部负荷或不同功能区域对电能质量的敏感性和耐受能力可能不同，将其进行内部分级，可便于以最小的成本减少电能质量问题带来的损失。

一、半导体制造业

电压暂降造成的巨大经济损失使半导体制造业用户对于电压暂降的治理十分重视，通常具有电能质量监测及分析设备和比较完善的电能质量治理措施。大型半导体制造用户通过厂用变电站为自身负荷供电，为保证供电可靠性两路电源分别由不同的发电厂或区域变电站引入。

目前半导体制造业用户普遍采用 UPS 对负荷进行分级治理。其中，受电压暂降影响后会造成较大范围生产中断或产生大量废、次品的生产机台及用于维持生产环境恒定的气体、化学、冷却水、纯水、排气、真空等厂务系统为一级负荷；受电压暂降影响后造成局部生产中断或较少废、次品的生产机台及生产车间照明、安保系统等为二级负荷；办公照明等其余负荷为三级负荷。

半导体器件制造用户内部配电系统保证电压质量的措施包括双电源同时运行，互为备用；大容量 UPS 对一级负荷进行集中治理，二级负荷中部分敏感机台安装小容量 UPS 进行分散治理。

针对半导体制造业用户进行的电能质量经济性调查结果显示，用户通过合理的治理方案能够减少电压暂降对生产的影响，但考虑到治理投资的经济性分析，治理设备无法覆盖所有敏感负荷，发生在治理设备有效范围外的电压暂降仍会给用户造成巨大损失，电压暂降仍是困扰该行业用户的主要问题。电能质量敏感用户分级需将半导体行业作为有较高电压质量需求的用户。

二、医院

医院是与人们生命安全紧密相关的公共卫生设施，保证供电电压质量对其安全运行具有重要意义。供电电压质量波动，不仅容易击穿医疗设备中的半导体器件，还有可能导致医疗设备的自动控制系统产生混乱，而且还会对计算机信息系统中的数据进行破坏，导致设备接收数据失败，同时也是医疗设备提前老化的主要因素。

依据 GB 50052—2009 医院供电系统大致为以下形式：特级及部分三级甲等医院，采用两路 10kV 电缆专线供电，自备柴油发电机，重要设备末端采用 UPS 供电；大部分三级甲等医院，采用两路 10kV 电缆专线供电，重要设备末端采用 UPS 供电；二级甲等医院，采用两路 10kV 供电或一路 10kV 专线供电，一路低压供电，重要设备末端采用 UPS 供电。

医院中保障电能质量的措施包括：

(1) 两路外电源分别引自不同的变电站或同一变电站的不同母线，互为备用。

(2) 为尽量减少受到内部电网故障的干扰，一级负荷（$0.5s<t<15s$）由两台专用变压器供电，引入发电机作为应急电源，线路之间采用固态切换开关保证迅速自动切换。

(3) 特别重要的一级负荷分布的科室通常比较集中，采用大容量 UPS 进行集中治理。部分零散分布的特别重要的一级负荷采用小容量 UPS 就地治理。要求不间断供电的负荷，如手术室中与患者直接接触的医疗设备，采用两路 UPS 供电。

(4) 医院是人员密集的公共场所，为确保院内患者生命安全，消防、安保系统采用专用变压器与应急电源两路电源供电。

三、电子信息系统机房

电子信息系统机房包括主机房、辅助区、支持区和行政管理区等，是提供电子信息设备运行环境的场所，普遍分布于金融、电信、互联网、数据处理及存储等行业。电子信息系统机房用电负荷包括 IT 设备、精密空调、UPS 供电系统、应急照明、消防、机房环境监控及办公、会议场所用电等，其中约有 50%为计算机等信息处理设备。

由于各负荷可靠性的要求不一致，为在保证安全的前提之下有效地节约成本，电子信息系统机房通常对用电负荷进行分类供电，即按照重要性为不同可靠性要求的负荷配置不同的供配电系统。计算机等电子信息设备组成的信息系统设备最易受电压质量影响，且受扰后可造成严重的后果，是电子信息系统机房内最重要的负荷；GB 50174—2008 对机房的温度及相对湿度等环境条件有严格规定，精密空调及环境监控设备是电子信息系统机房内仅次于信息系统设备的重要负荷。为减少电压质量波动造成的损失，同时保证系统运行经济性，根据各负荷电能质量要求对 IT 设备及外围辅助设备进行分级供电。为不同可靠性要求的负荷配置不同的可靠性供配电系统，能够在保证安全的前提之下有效地节约成本。

机房内重要负荷均采用 UPS 供电系统供电。在 UPS 系统的相互切换过程中，负载同步控制器（load bus synchronizer，LBS）保证两条母线可以同频率、同相位。其中一路母线出现供电故障时，正常运行的母线暂时承担起全部负载的供电任务。

四、大空间公用建筑

大空间公用建筑通常人员密集，用电负荷量大，敏感负荷分布分散，且用电高峰期与低谷期差异大，以下以国际会展中心为例，对大空间公用场所的电能质量需求进行分析。

国际会展中心通常承担大型国际会议或展览，会议、展览进行时为用电负荷高峰期。为保证场馆内人员、财物安全，减少电能质量造成的损失，需保障良好的供电质量。根据会展中心负荷的特点，为实现系统运行经济性，需要合理调配变压器容量。高峰时段所有变压器参与运行，必要时增加临时电源，如发电车、临时箱变等；低谷期允许部分变压器停运，因此需要对会展中心负荷分类供电，区分持续供电负荷和可中断负荷，并根据负荷电能质量需求制定合理的供电方案。

根据《民用建筑电气设计规范》(JGJT 16—2008)，国际会展中心电力负荷等级划分如下：一级负荷包括消防动力负荷、应急照明、消防梯、客用电梯，国家级会议中心空调、消防、安防控制室，电话、综合布线、数据中心、楼宇自控等弱电机房；其他为二级负荷。要求一级负荷弱电设备厂商自设UPS电源。其中，承担重大国事活动的会堂、防盗信号电源等为一级负荷中特别重要的负荷，需要额外配备备用电源。

各类电能质量敏感用户的内部分级不同，甚至同一类用户之间也存在差异，本节只列举出如上四种典型用户的内部分级情况，实际工作中，需要针对用户情况具体问题具体分析。

第六节　根据行业类型对用户分级

根据前述章节内容，结合当前的产业形势和产业特点，本节介绍一种电能质量敏感用户分级的方法。

电能质量敏感用户分级，主要从两个层面来考量：一是对典型设备的电压暂降敏感性进行评分和分级；二是对不同行业的电压暂降敏感性进行分级，两者综合加权后，得到用户的电压暂降敏感性级别。本节参考了电力行业企业标准DL/T 1412—2015中对电能质量等级划分的方案，见表6-7。表6-7中根据供电电压质量等级，将用户和用户设备进行电能质量敏感度的分类，需要注意的是，表中单独列举出了一类需要不间断供电的负荷，这类负荷在实际工作中也称为特别重要用户（或负荷），除了表6-7中列举出来的负荷，大多数情况下特指政治用途供电、重大活动现场供电等。

表6-7　电能质量等级划分方案

供电质量等级	用户类型	敏感负荷
CP-AAA级	半导体制造业；数据中心、银行总行；其他信息中心、计算中心；国际会议中心、国际会展中心、国际体育比赛场馆；省部级以上政府办公楼、电力与交通指挥调度中心；疾控中心、科研院所、医院和金融业营业厅、规模较小医院、4星级以上酒店、大中型商业场所	半导体器件制造一级负荷、UPS供电系统、电子信息设备及医疗设备一级负荷、重要展厅、会议室
CP-AA级	未包含在CP-AAA级中的其他大空间公共设施，如公共交通枢纽、影剧院、小型运动场馆等	医院二级负荷，人员密集场所空调、照明、电梯系统等
CP-A级	非CP-AAA、CP-AA级的用户，如公寓、小型商业场所、居民楼等	普通用电负荷
不间断供电		半导体器件制造业一级负荷中极敏感负荷、园区内消防负荷、安保负荷

一、典型电能质量敏感设备分级

对于电能质量敏感设备的分级，主要依据相关设备对电能质量问题的耐受特性，选择对其影响最严重的电能质量问题类型作为衡量的指标。列举出的典型设备电能质量分级情况见表6-8。

表6-8　典型设备电能质量分级情况

设备类型	敏感度级别	敏感度评分	敏感类别
精密设备控制器	Ⅰ	100	电压暂降
光刻机	Ⅰ	100	电压暂降
贴片机	Ⅰ	100	电压暂降
晶圆挑片机	Ⅰ	100	电压暂降
超声波铝丝焊接机	Ⅰ	100	电压暂降
制冷用大型电动机	Ⅰ	100	电压暂降
单晶炉	Ⅰ	100	电压暂降
数控机床	Ⅰ	100	电压暂降
中束流离子源	Ⅳ	40	电压暂降
机器人	Ⅰ	100	电压暂降
高速数控刀具	Ⅰ	100	电压暂降
数控机床	Ⅰ	100	电压暂降
刀具破损检测系统	Ⅰ	100	电压暂降
激光干涉仪	Ⅰ	100	电压暂降
可编程控制器	Ⅲ	60	电压暂降
银行数据服务器	Ⅰ	100	电压暂降
气体放电灯具	Ⅳ	40	电压暂降
数据服务器	Ⅰ	100	电压暂降
通信交换机	Ⅰ	100	电压暂降
航空雷达系统	Ⅰ	100	电压暂降
磁共振成像仪器	Ⅲ	60	三相不平衡
电动健身器材	Ⅳ	40	电压暂降
过山车（大型户外娱乐设施）	Ⅳ	40	电压暂降
交流继电器	Ⅲ	60	电压暂降
计算机类设备	Ⅲ	60	电压暂降、谐波

表6-8中，将典型设备敏感度级别分为5级，为了便于在电能质量敏感用户分级过程中加权计算，还定义了敏感度评分。设备敏感度级别与敏感度评分之间的关系定义为：Ⅰ级为100分；Ⅱ级为80分；Ⅲ级为60分；Ⅳ级为40分；Ⅴ级为20分。

表6-8中只列出了一部分典型负荷的电能质量敏感度分级情况，实际工作中，需要具体问题具体分析，可以根据实际情况，建立设备的电能质量敏感度分级库。

二、用户行业分级

对于用于行业的分级主要是从政治、安全（包括生产安全和人身安全）、电能质量问题导致的损失几个角度出发，结合前述章节的内容，总结出用户行业分级评分对照表，见表6-9。

表6-9　用户行业分级评分对照表

序号	行业类型	级别	行业评分
1	特别重要用户（政治保障等）	Ⅰ	100
2	半导体制造	Ⅰ	100
3	精密制造	Ⅰ	100
4	金融	Ⅰ	100
5	商业中心	Ⅲ	50
6	通信	Ⅱ	75
7	公共服务	Ⅳ	25
8	休闲服务	Ⅳ	25
9	其他	Ⅲ	50

表6-9中，将用户行业分为4级，为了便于在电能质量敏感用户分级过程中加权计算，还定义了行业评分。用户行业级别与用户行业评分之间的关系定义为：一级为100分；二级为75分；三级为50分；四级为25分。

表6-9中只列出了一部分用户的行业分级情况，实际工作中，对于不同地区、不同产业情况，需要具体问题具体分析。

三、电能质量敏感用户分级

在得到用户负荷敏感度分级表和用户行业分级评分后，可计算得到用户的电能质量敏感度，其公式为

$$S=\lambda_1\sum_{i=1}^{n}\frac{C_i\alpha_i\gamma_i}{C}+\lambda_2\beta \tag{6-1}$$

式中　S——客户的电能质量敏感度评分；

n——客户所包含的敏感负荷种类数；

i——敏感负荷类型标识符；

C_i——敏感负荷类型 i 的容量，kVA；

C——客户敏感负荷总容量，kVA；

λ_1、λ_2——用户负荷敏感度、用户行业重要度两个参数的权重值，且 $\lambda_1+\lambda_2=1$，通常取 $\lambda_1=0.6$，$\lambda_2=0.4$；

γ_i——负荷敏感类型的关注度，电压暂降的关注度为1，谐波的关注度为0.5，三相不平衡的关注度为0.5；

α_i——敏感负荷类型 i 的敏感度评分；

β——用户行业重要度评分。式（6-1）为通用公式，可以用来计算用户对所有电能质量问题的电能质量敏感度，实际工作中，可在保证计算依据一致性的基础上，动态调整公式中的权重系数。

最终，得到的电能质量敏感度评分与客户电能质量敏感用户分级情况的对应关系如下：

（1）Ⅰ级敏感用户：$S\in[80, 100]$。

（2）Ⅱ级敏感用户：$S\in[60, 80)$。

（3）Ⅲ级敏感用户：$S\in[40, 60)$。

（4）Ⅳ级敏感用户：$S\in[20, 40)$。

（5）Ⅴ级敏感用户：$S\in[0, 20)$。

第七节　小　　结

本章内容是对前述章节内容的应用。一方面，应用前述章节关于电能质量问题对用户和用户设备影响的相关内容，对一些典型设备进行电能质量敏感性分级；另一方面，将前述章节中电能质量标准、电能质量评估的相关内容用于电能质量敏感用户的分级。

本章介绍的典型设备敏感度分级表、用户行业分级表只是对各自的内容进行列举，未涉及的设备和行业，可具体问题具体分析，在本章所述的分级体系中进行分级评分。

本章介绍的电能质量敏感用户分级方法，可用于供电企业的电能质量管理工作、用户入网电能质量评估工作和电源点选择工作等。

第七章

电能质量风险管理

从根本上讲，电能质量问题的影响就是电能质量问题带来的风险，包括给电网安全运行带来的风险和对用户生产活动带来的风险。对于供电企业来讲，这两种风险最终的结果都是给供电服务带来风险。

为此，国家电网公司已经建立了一套电能质量全过程技术监督体系，要求实现电能质量的全过程精益化管理。为此，国家电网公司制定了《电能质量全过程技术监督精益化管理实施细则》，各个省公司也在此基础上分别制定了各自的电能质量管理规定或电能质量管理工作标准，详见附录1。

前述章节中已经介绍的电能质量风险管理相关内容，本章不再赘述。电能质量风险管理中针对电网本身的管理，电网公司的相关运行检修规定都已经有明确的细则，内容过多且很难将涉及电能质量的部分剥离出来单独叙述。因此，本章主要对风险管理理论、干扰源风险管理、敏感用户风险管理和电能质量风险管理流程方法等展开论述。

第一节　风　险　管　理

一、风险管理的定义

风险一般是指某种事件发生的不确定性。风险管理理论中的风险是指损失发生与否不确定、发生的事件不确定、发生的地点不确定、发生的过程不确定以及发生的结果不确定。

风险是客观存在的，就某一具体风险而言它是偶然的，但对于大量风险事故而言却呈现出明显的规律性。这就使利用概率论和数理统计方法计算其发生概率和损失幅度成为可能。一般定义风险的数学表达式为

$$R=SG \tag{7-1}$$

式中　S——事故损失；

G——事故概率；

R——风险程度的大小，即风险事故损失的数学期望值。

一般认为，风险由风险因素、风险事故和风险成本构成。风险因素是指促使某一特定损失发生或增加其发生的可能性或扩大其损失程度的原因；风险事故是指造成生命财产损失的偶发事件，是造成损失的直接或外在原因；风险成本是指由于风险的存在和风

险事故发生后，人们所必须支出的费用和预期经济利益的减少。

根据外在性的原理，可以将风险成本分成个体（个人或机构）负担成本和社会负担成本，从而确定对象的范围和责任赔偿对象。

风险管理最早是由美国宾夕法尼亚大学所罗门·许布纳博士1930年在美国管理协会发起的一次保险问题会议上提出来的，具体指各经济单位通过识别、衡量、分析风险，并在此基础上合理综合地使用多种管理办法、技术手段对目标涉及的风险进行全面有效的控制，以期用最少的成本保证安全地实现目标。

风险管理的基本目标或者称之为指导性原则就是将风险最小化。完善的风险管理其重要性与日俱增，它能使企业更好地处理风险，从这些风险中解脱出来，更睿智地进行正常的经营活动。风险管理能够提高企业的生存和获利的能力。

二、风险应对

虽然风险管理最早起源于金融界，但随着市场竞争的日趋激烈，各行业、各专业都加强了对风险管理的重视程度。从服务的角度分析，应更加重视服务风险管理体系的完整性、系统性和标准化；从企业整体战略角度分析，应更加注重服务风险的分析、监测和及时应对；从危机处理的角度分析，应更加注重服务危机管理能力和机制建设。

不同行业、不同专业对风险的识别、分类的方法有很大的不同，比较通用的分类方法是根据风险的应对方式把风险分为控制型风险、转移型风险、自留型风险和组合型风险。

1. 控制型风险

控制型风险应对指在损失实际发生之前，采取各种控制手段，力求消除隐患，减少风险发生的原因，将损失的严重后果减少到最低限度的一种方法，也叫风险控制法。风险控制法又包括规避风险和减轻风险两种方法。

规避风险是指考虑到风险事件发生的可能，主动放弃和拒绝可能导致风险损失的方案。它不是去减少损失的程度，而是彻底消除某一风险，因而有简单易行、全面彻底的优点。但它也有很大的局限性：由于无法准确地估计风险事件，故难以决策是否规避风险；即使风险很大，当事人一般依然不愿放弃该风险事件可能的赢利，而倾向于承担风险；在实践中很难完全实现。

减轻风险是指在风险发生前减轻风险事件发生的概率，在风险事件发生后减少损失的程度。其要点是消除风险因素和减少风险损失程度，是风险管理的常用方法。为了减轻风险，就要对意外事件的原因进行分析，发现灾害损失的直接和间接原因，并研究能通过改变其中某些因素消除这些原因的方法。这个过程一般要经过风险分析、控制工具选择、控制技术实施、控制后果评估等步骤。

电能质量风险的应对属于控制型风险的范畴，虽然电能质量问题不可避免，属于不确定风险事件，但由此导致的服务风险可以通过风险分析和合适的风险管理方法减轻或部分规避，以减少其造成的各个方面的损失。

2. 转移型风险

由于人们对风险的认识受到各种外界因素的制约，即使有很准确的预测，也难以摆脱防范措施的局限性。在实施上，很多风险是不可规避且损失难以预测的。利用各种财务、合同、法律工具转移风险损失是风险管理的是一个重要手段。

转移型风险应对又称转移法，是指运用相关工具将可能的损失前瞻性地、有意识地转移或分担给有相互经济利益关系的另一方承担，所转移的既可以是引起风险损失的活动，也可以是风险及其损失的财物。合同与保险是其中的两种重要方法：合同是平等主体的自然人、法人、其他组织之间签订的规定权利义务关系的协议；保险是以最小额的保费换取对未来巨大的、不确定的危险损失的经济保障，减轻或消化危险的后果。

严格意义上讲，虽然电能质量风险不属于转移型风险的范畴，但仍然可以通过与服务对象的事前协议、针对性的合同条款和前瞻性的服务管理条款对可能发生的风险做出甄别、提示和责任划分，进而降低服务管理风险。

3. 自留型风险

自留型风险应对是指风险造成的损失轻微，主体通过自行承担风险损失的方法来处理风险。自留型风险的损失通常有更大的收益进行对冲。

4. 组合型风险

控制风险应对、转移风险应对和自留风险应对，对于很多风险承担主体而言，都不能最大限度地减少风险带来的损失，尤其是当风险的情况比较复杂、且不可预测的情况下，需要采用几种风险应对措施组合的形式来处理风险。

以电能质量风险为例，可采用控制和转移相结合的方式来处理电压暂降给供电企业带来的服务和管理风险，且采用前瞻性方法和反应性方法相结合的形式。

三、风险管理流程

风险管理通常遵循全过程流程化原则，风险管理全过程示意图如 7-1 所示。

风险管理主要包括风险识别、风险评估与分析、风险对策制定和实施与后评估四个阶段。其中，风险识别、风险评估与分析阶段主要是在收集资料的基础上构建风险管理模型或体系；风险对策制定是从管理目标出发，对风险管理各个环节中涉及的方法进行统筹安排，以实现协调有效地进行风险管理；实施与后评估是对风险对策的实际验证，验证结果作为风险管理的优化依据。

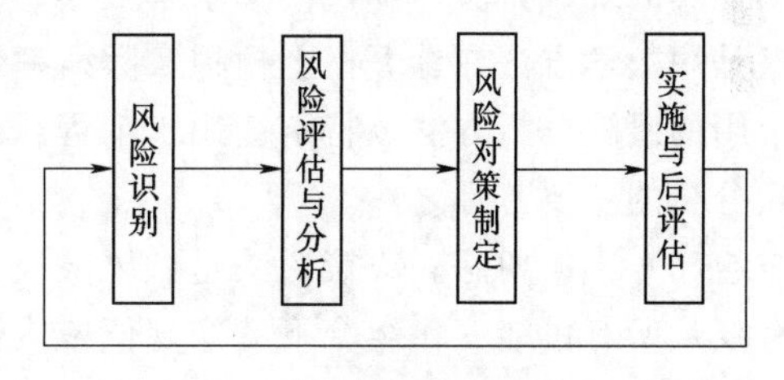

图 7-1 风险管理全过程示意图

1. 风险识别

风险识别是对各种风险因素和可能发生的风险事件进行识别，是风险管理的首要步骤。风险识别要回答下列问题：存在哪些潜在的风险因素？这些因素会引起什么风险？这些风险造成的后果有多大？忽视、缩小或夸大风险的范围、种类和造成的后果都会造成不必要的损失。风险识别的常用方法有：

(1) 专家调查法。专家调查法包括专家个人判断法、智暴法和德尔菲法等。该类方法主要利用各领域专家的专业理论和丰富的实践经验，找出各种潜在的风险并对后果做出分析和估计。德尔菲法起源于20世纪40年代末，最初由美国兰德公司首先使用。使用该方法的程序是：首先选定与该研究对象有关的专家，并与这些适当数量的专家建立直接的函询关系，通过函询收集专家意见，然后加以综合整理，再反馈给各位专家，再次征询意见。这样反复多次，逐步使专家的意见趋于一致，作为最后识别的根据。德尔菲法应用领域很广，一般用该方法得出的结果也较好。

(2) 故障树分析法。该方法利用图解的形式，将大的风险分解成各种小的风险，或对引起风险的各种原因进行分析。譬如，将项目投资风险分为市场风险、政策调整风险、资源风险、技术风险等。该方法经常用于直接经验较少的风险辨识，通过对风险层层分解，可使管理者对风险因素有全面的认识。在此基础上，对风险大的因素进行有针对性的管理。不足之处是应用于大系统或复杂系统时容易产生遗漏和错误。

(3) 情景分析法。情景分析法是一种能够分析引起风险的关键因素及其影响程度的方法。它可以采用图表或曲线等形式来描述当影响项目的某种因素出现各种变化时，整个项目情况的变化及其后果，供人们进行比较研究。风险识别中应注意以下的问题：识别的风险是否全面（可靠性问题）？满足辨识要求的数据、资料和实验结果所需多少费用（费用问题）？调查的结果有多大的置信度（偏差问题）？

2. 风险评估与分析

风险评估与分析就是衡量风险对项目实现既定目标的影响及其程度。常用的方法有：

(1) 调查和专家打分法。首先将所有风险列出，设计风险调查表，然后利用专家经验，对各风险因素的重要性进行评估，再综合成全局风险评估分析报告。

(2) 蒙特卡洛模拟法。此法又称统计实验法或随机模拟法。该方法是一种通过对随机变量的统计试验、随机模拟求解数学、物理、工程技术问题近似解的数学方法，其特点是用数学方法在计算机上模拟实际概率过程，然后加以统计处理。该方法是西方国家常用的风险分析方法，特别适用于工程风险、项目风险和投资风险的分析，也是当今风险分析的主要工具之一。

(3) 决策树法。决策树法是做风险决策时常采用的一种方法。这种方法通常求出所有变量所有可能变化组合下的净现值或内部报酬率值，再画出其概率分布图。这种方法的计算规模随变量个数及变化情况多少成指数变化，并且要求有足够有效的数据作为基础。该方法适用于变量信息明确且变量个数可控的风险管理场景。

(4) 影响图法。该方法由美国霍华德教授等提出的一种表征决策分析的网络图形，它是概率估计和决策分析的图形，是将贝叶斯条件概率定理应用于图论的成果，是复杂的不确定性决策问题的一种新颖有效的图形表征语言，数学概念完整，关于概率估计、备选方案、决策者偏好和信息状态说明完备，具有决策树不可比拟的优点。影响图的最大优点是：能直观表示随机变量间的相互关系；计算规模随着不确定因素个数增加呈线性增长。

(5) 随机网络法。随机网络法又称图示评审技术（graphical evaluation and review technique，GERT）。在GERT中，不仅活动的各参数（如时间、费用等）具有随机性，而且活动是否实现也具有随机性。本方法最适用的场景为工期风险管理、项目风险管理等。

（6）模糊分析法。所谓模糊就是边界不清晰，外延不明确，以模糊集合代替原来分明的集合。工程中存在着大量的模糊因素，对这些因素进行模糊评价，可以增加评价结果的可靠性和科学性。

3. 风险对策制定

风险评估与分析完成后，要根据具体的情况采取对策以减少损失，增加收益。风险的应对策略前述章节已经给出描述，风险防范与控制的方法策略很多，但必须根据具体情况来正确选择使用，才能取得较好的效果。

4. 实施与后评估

正确决策之后，具体的实施十分重要。在执行过程中，应对实施情况进行监控，及时反馈并在必要时调整风险管理对策。最后应对实施的效果及差异进行评估。

四、电能质量风险管理方法

具体到电能质量风险管理，各阶段可以分别采取如下方法。在风险识别阶段，采用德尔菲法进行风险识别；在风险评估与分析阶段，采用调查和专家打分法，采用SARFIcurve指标和电能质量损失直接评估法进行辅助分析；风险对策采用控制和转移相结合的方式来处理电压暂降给供电企业带来的服务和管理风险，且采用前瞻性方法和反应性方法相结合的形式。

第二节　电能质量干扰源的风险管理

当前，电气化铁路、冶金设备等大功率、非线性、冲击性及波动性特殊负荷的大量应用，使得区域电网中谐波、三相不平衡、电压波动与闪变等电能质量问题异常严重，对区域性电网甚至整个电力系统的安全高效运行带来了极大的风险。加强此类电能质量干扰源的电能质量技术监督和管理，积极采取防范措施以降低其带来的电能质量风险已刻不容缓。

本节从电网公司的角度出发，对电能质量干扰源管理中应包含的关键要素进行了分析与探讨，给出了关键环节详细的管理流程，并对电能质量干扰源的风险管理中的核心内容，即电能质量干扰源的监测、评估与治理，进行了分析，可为电网电能质量干扰源电能质量管理提供参考。

对于电能质量干扰源的识别、在前述关于电能质量问题成因的章节中已经详细介绍，本节不再赘述。

一、电能质量干扰源风险管理的关键要素

电能质量干扰源电能质量管理应本着“安全第一、预防为主、超前防范”的方针进行全过程的监督与管理。从管理的目标及电能质量干扰源接入电网的过程角度考虑，电能质量干扰源电能质量管理应包含以下两个方面的关键要素：

1. 从管理制度上保证管理工作落实到位

以往的管理往往仅从技术角度做出规定，缺乏具体的职责与分工，使电能质量管理工作中存在互相推诿的现象。因此，有必要对各环节工作的职责与分工做出明确的规定，真正推进管理工作的进行。

组织管理制度的保证应按照“依法监督、分级管理”的原则，结合电网公司具体的职能设置，制定适合于本电网公司的组织管理制度、设备运行管理和技术培训管理等措施，明确各级部门的责任和权利，以及各部门和各级人员的电能质量管理岗位职责，并制定各种相应的管理规定和考核办法，把电能质量的各项指标纳入各级部门和相关人员的培训计划和经济考核中，达到电能质量监督所要求的规划、设计、基建、运行、用电全过程监督和管理。

2. 从管理流程上保证电能质量干扰源的风险管理

明确新建、扩建或改建负荷以及新接入负荷的管理流程。电能质量干扰源的风险管理是一项系统工程，不确定的管理流程将使工作中存在漏洞，并影响后续工作的顺利开展，使管理工作存在隐患。因此，有必要详细规定管理工作的流程，使电能质量干扰源管理工作有章可循。

从管理内容的角度考虑，一项电能质量干扰源管理规定应至少包括：管理的方针与原则；相关部门职责与分工；电能质量干扰源管理工作流程；电能质量评估工作流程；电能质量监测与治理方案等。通过建立一套完整的电能质量干扰源接入运行、监测、评估、治理管理办法，规范电能质量干扰源管理，使电网电能质量指标符合国家标准，从而保证电网安全、稳定、优质、经济、可靠运行。

管理流程的保证对于新建、扩建或改建的电能质量干扰源项目十分重要，电网公司在用户用电工程设计时应使用户明确电能质量的重要性及影响，使用户在设计的同时考虑改善电能质量的措施，如抑制谐波，改善三相不平衡、电压波动和闪变等的措施。用户完成用电方案设计并进行接入系统申请后，电网公司相关部门应组织电能质量干扰源用电方案设计的审查工作，同时对用户提交的电能质量评估结果进行审核，审核通过后方可与用户签署供电协议，并通知用户开展后续工程；当电能质量评估结果不满足要求时，电网公司则需及时通知客户进行相关整改，提交改善的电能质量污染抑制或治理设计方案。

供电协议作为明确电网公司和用户双方权利与义务的法律条文，应将涉及电能质量方面的内容纳入其中，从而实现对电能质量干扰源用户设备的有效管理。电能质量干扰源客户受电工程竣工后，电网公司应严格把关，对电能质量干扰源接入系统后的电能质量情况进行实测验收。新建、扩建或改建负荷的电能质量干扰源风险管理流程如图 7 - 2 所示，通过实施与后评估环节，本流程还可以作为网内存量电能质量干扰源风险管理的依据。

二、电能质量干扰源的电能质量监测

解决电能质量干扰源的风险问题，首先需要对其电能质量状况实施有效的监测。电

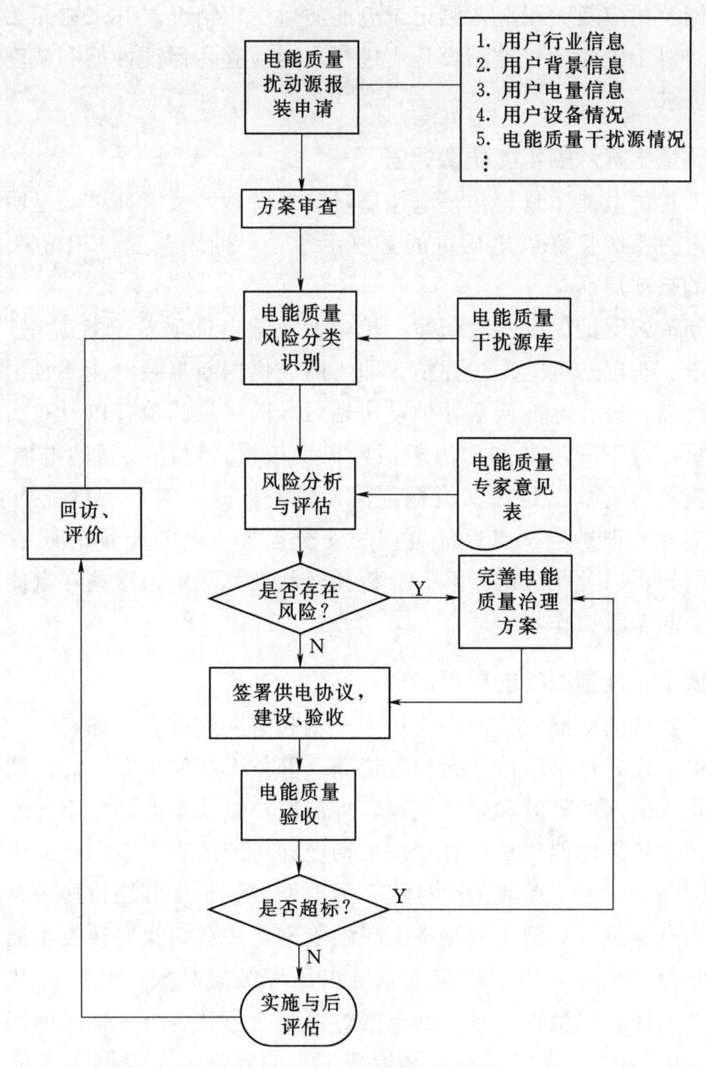

图 7－2　电能质量干扰源风险管理流程

能质量监测是评估数据的直接来源，是质量评估中的重要前提。因此，应重点监测电能质量干扰源电能质量情况。

电能质量干扰源的电能质量监测分为在线监测、不定期检测和专项测试三种方式。电能质量在线监测装置，通过局域网和广域网，逐步建立分布式、智能化电能质量监测、分析、评估与管理系统，实现电能质量监测的实时分层分级管理，从而对电能质量干扰源的用电情况和电能质量进行实时在线监测，充分发挥电能质量监测的作用。针对电能质量干扰源用户，应根据其危害程度和产生电能质量问题的严重程度采取不定期检测。专项测试主要用于电能质量干扰源设备接入电网，或电能质量出现异常，需要对比前后变化情况的场合，以确定电网电能质量指标的背景状况和负荷变动与干扰发生的实际参量，或验证技术措施效果等。对监测过程中发现的、存在电能质量指标严重超标的用电设备，电网公司应及时跟踪监测记录电能质量变化情况，并采取相关措施，为治理提供依据。同时对于电能质量监测设备应进行入网检验，保证性能和精度符合国家标准和当前电网的要求。

三、电能质量干扰源的电能质量评估

电能质量干扰源电能质量评估是电能质量监督管理的关键环节，是明确电能质量治理责任、保证电力系统良好供电质量的必要手段，有助于改变供用电双方互相推卸责任、无人治理的被动局面。

根据“堵新治旧”的原则，在新建、扩建及改建电能质量干扰源用户接入系统前，要对其进行科学、正确的电能质量评估，即入网前根据新报装电能质量干扰源用户设备相关电气参数特点，进行电能质量评估，实现对入网用户的检查以及对污染源和污染程度的预测和分析，对下一步监测和治理污染提供依据。对已入网的电能质量干扰源用户，则采取将实际测量数据与评估指标限值比较的方式，对各项电能质量指标进行评估，并采取相应的治理措施，以保证电网的安全运行。电能质量的评估涉及国标、导则、系统方面的知识以及相应的计算、分析和经验推算法则，这些在电能质量干扰源管理和技术监督中起着重要作用。

四、电能质量干扰源的电能质量治理

电能质量干扰源的电能质量治理应从用户侧和电网侧综合考虑。

对于用户侧治理，可采取静止无功补偿器、静止无功发生器、滤波器等技术措施和装备减小用户注入电网的谐波和负序电流，抑制用户侧功率波动所引起的电网电压波动与闪变。电网公司各级电能质量监督管理机构应参与到治理方案的设计审定，设备的招标和制造、安装调试、竣工验收的全过程。因电能质量干扰源用户接入及运行造成的电能质量污染，用户应负责其防治和治理工程的管理，并承担投资所发生的费用，最终技术装备的产权归用户所有。当用户接入系统电压等级较高（110kV 及以上）或容量较大（电气化铁路负荷、大型钢厂等）的电网时，其治理装备可考虑与电网公司协商接于电网侧（系统变电站内）。此时，防止和治理工程的管理可由电网公司负责，技术装备归电网公司所有，所发生的费用由用户和电网公司共同承担，有时也可采取费用由电网公司承担，用户通过高电价在后期对费用进行补偿的方法。

对于电网侧治理，电网公司应根据各级电网电能质量污染源用户的电能质量情况，调整有关运行方式和采取相应防范对策，保证电能质量指标符合有关规定的要求。此时，电网公司应承担项目的工程管理和投资管理。

第三节 电能质量敏感用户的风险管理

对于电能质量敏感用户的识别、分类在前述关于电能质量问题成因的章节中已经详细介绍，本节不再赘述。电能质量敏感用户的风险管理与电能质量干扰源的风险管理流程有着明显的区别，更侧重于服务。

一、电能质量敏感用户的风险管理流程

电能质量敏感用户的风险管理，管理的对象主要是大用户或重要用户，风险管理流程如图 7-3 所示。

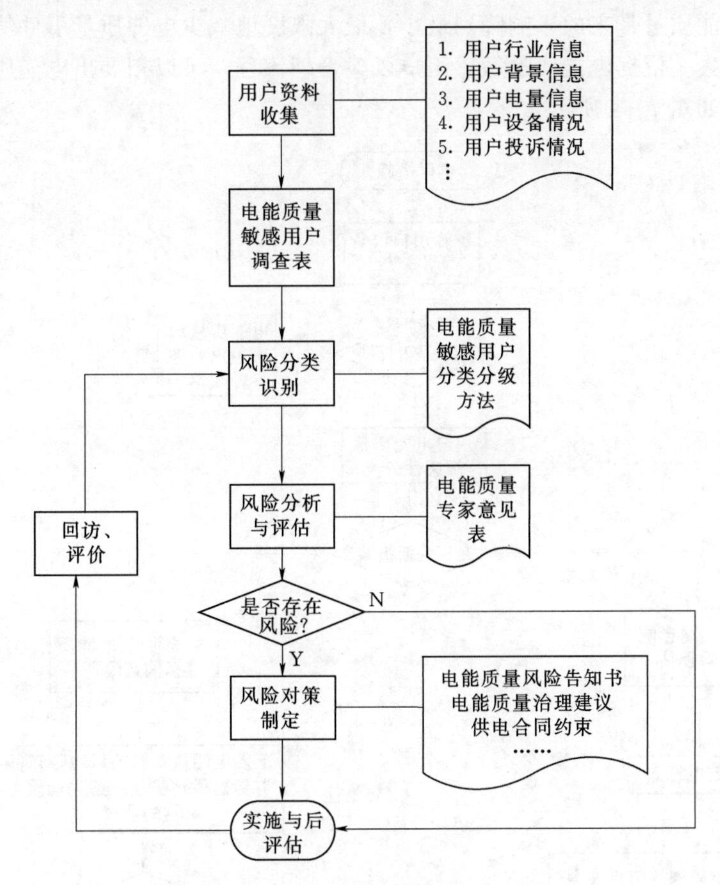

图 7-3　电能质量敏感用户风险管理流程

第一步，进行用户资料收集，通过发放和回收电能质量敏感用户调查表的方式，收集用户的行业信息、背景信息、电量信息、设备情况等，通过客服系统等收集用户投诉情况等。

第二步，根据电能质量敏感用户分类分级方法，结合收集到的用户信息，对目标用户涉及的服务管理风险进行分类识别。

第三步，根据专家意见表，对风险分类识别结果进行分析与评估，判断是否存在服务管理风险，如果不存在风险，则进入实施与后评估，否则进入风险对策制定。

第四步，有针对性地制定服务管理风险应对策略，通过电能质量风险告知书、电能质量治理建议和供电合同相关约束条款等应对风险。

第五步，实施后，跟踪实施效果，通过回访、季度或年度评价等手段形成风险管理闭环。

二、电能质量敏感用户的服务流程

对于电能质量敏感用户，应该了解其用户性质、主要设备类型、电源情况等，对其进行电能质量敏感程度归类，有针对性地提出缓解电能质量带来影响的治理措施，同用户一起，将电能质量带来的影响降到最小，最大限度地减少电能质量事件给用户和电力公司带来的损失。依据电能质量敏感用户风险管理流程，可以拓展出电能质量敏感用户的服务流程，如图 7-4 所示。

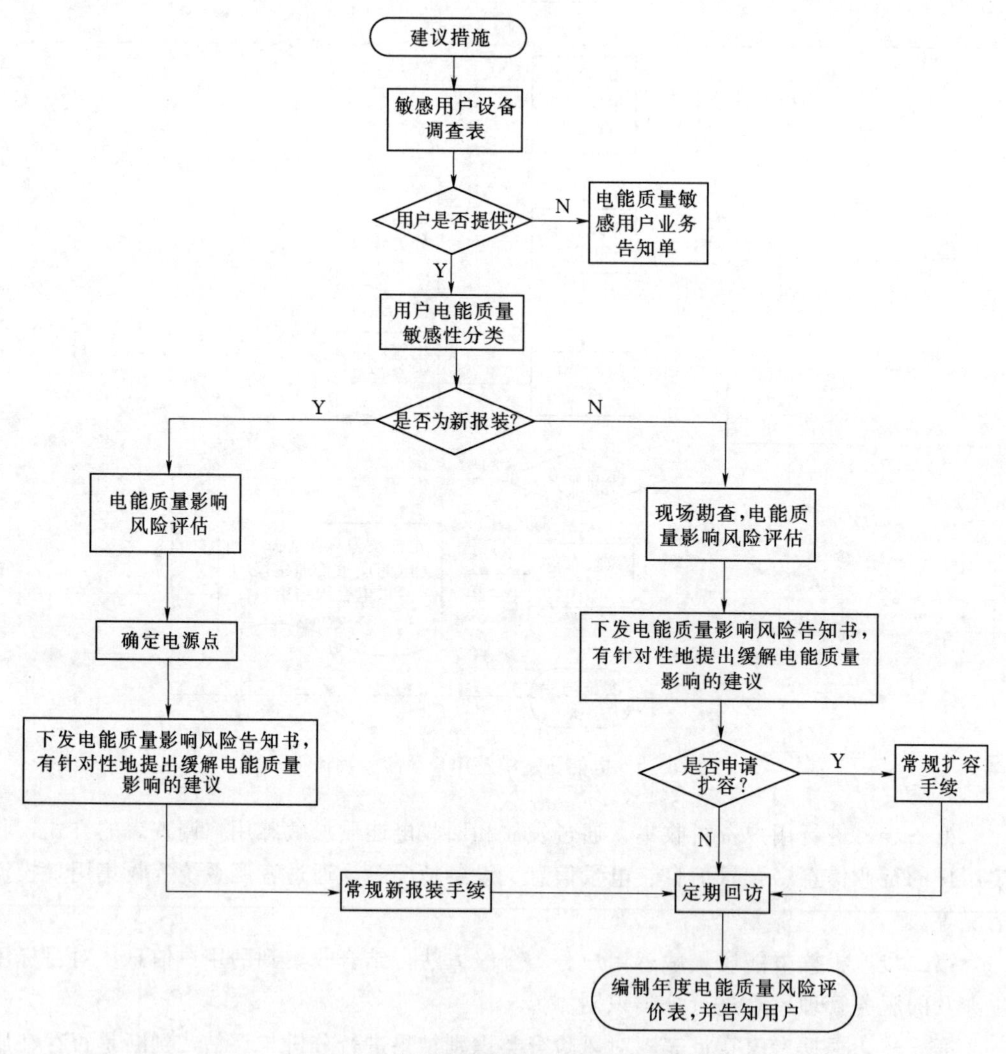

图 7-4　电能质量敏感用户的服务流程

对于高压永久双电源用户及安装或报装容量 10000kVA 以上的高压永久单电源用户，服务需遵循电能质量敏感用户服务流程。

(1) 与用户沟通，向用户提供电能质量敏感用户主要设备调查表空白模板（以下简称调查表）。若用户可以填写调查表并签字盖章确认，由相关技术部门根据用户设备情况进行电能质量敏感性分级；若用户不能提供调查表，则向用户出具电能质量敏感用户业务告知单，告知用户电能质量的风险。

（2）对于新报装用户，由相关技术部门进行电能质量影响风险评估，根据评估结果确定电源点，并根据实际情况，向用户提供电能质量影响风险告知书，有针对性地提出缓解电能质量影响的建议，完成新报装手续。

（3）对于存量用户或申请扩容的用户，进行电能质量敏感性分级后，需进行现场勘查，进行电能质量影响风险评估，并根据实际情况，向用户提供电能质量影响风险告知书，有针对性地提出缓解电能质量影响的建议，对于申请扩容的用户，完成扩容手续。

（4）定期进行电能质量敏感用户回访，编制年度电能质量风险评价表，并告知用户。

第四节　小　　结

电能质量风险管理是电能质量全流程精细化管理的一部分。本章介绍了风险管理的概念和流程，并结合电能质量精益化管理工作的经验和难点，提出了对于电能质量干扰源的风险管理流程和对于电能质量敏感用户的风险管理流程。在实际工作中，可以把这两者作为电能质量管理工作的参考和补充。

附录1 国家电网公司电能质量管理规定简述

目前，在电能质量相关管理规定中，针对不同业务阶段的电能质量管理需求，明确了各个阶段的监督管理内容。

其中，用户接入规划设计阶段的电能质量管理工作内容有预测评估、电气化铁路评估、风电场评估、光伏电站评估、电能质量控制措施和电能质量检测装置六部分工作内容。

设备采购阶段的电能质量管理工作内容有电能质量监测装置型式试验报告管理、电能质量监测装置产品性能测试报告管理、电能质量监测终端通信格式验证、电压监测仪选型检验和电压监测仪功能核验五部分内容。

设备验收阶段的电能质量管理内容有电能质量监测装置出厂检验报告管理、电能质量监测装置验收报告管理、电能质量监测装置数据通信验收验证和电压监测仪器验收验证四部分内容。

运维检修工作中的电能质量管理内容有干扰源台账、电能质量事故及分析处理档案、电能质量治理措施、谐波测试、电能质量监测装置周期检验和电压监测仪周期检验六部分内容。

设备报废阶段的电能质量管理内容主要是针对电能质量监测装置和电压监测仪的退役报废管理。

A部分为电能质量全过程技术监督精益化管理实施细则。

B部分为某省电能质量管理标准。

A 部分

附表 1-1　电能质量全过程技术监督精益化管理实施细则（用户接入规划设计阶段）

技术监督阶段	监督内容							
	技术监督专业	序号	监督项目	关键项权重	监督要点	监督依据	监督要求	监督结果
用户接入规划设计	电能质量	1	预测评估	Ⅳ	干扰源用户、高压直流输电系统、柔性输电设备及通过变流装置并网的发电企业等接入电网规划设计时应进行电能质量预测评估	《电能质量技术监督规程》（DL/T 1053—2017）： 1. 7.2.1.1a）在对高压直流输电系统、柔性输电设备等非线性设施接入电网进行规划设计时应进行谐波预测评估。 2. 7.2.2.1 在确定具有非线性设备的电力用户和通过变流装置并网的发电企业接入方案时，应按照《干扰性用户接入电力系统技术规范》（DL/T 1344—2014）中有关干扰性用户接入点选择的相关规定执行	查阅预测评估报告	记录电能质量预测评估报告名称及评估结论
		2	电气化铁路评估	Ⅱ	牵引站建设项目接入电力系统规划设计阶段，应进行电能质量预测评估	《电气化铁路牵引站接入电网导则（试行）》（国家电网发展〔2009〕974号）： 4.2　在牵引站接入系统设计和投产阶段，铁路部门应委托设计科研单位完成接入系统设计和电能质量评估	查阅预测评估报告（评估报告的评审意见）	记录电能质量预测评估报告名称及评估结论
		3	风电场评估	Ⅱ	风电场建设项目接入电力系统规划设计阶段，应进行电能质量预测评估	《电能质量技术监督规程》（DL/T 1053—2017）： 4.4　在电能质量干扰源建设项目接入电力系统规划设计阶段，应进行电能质量预测评估	查阅接入系统设计报告或预测评估报告（评估报告的评审意见）	记录电能质量预测评估报告名称及评估结论
		4	光伏电站评估	Ⅱ	光伏电站建设项目接入电力系统规划设计阶段，应进行电能质量预测评估	《电能质量技术监督规程》（DL/T 1053—2017）： 4.4　在电能质量干扰源建设项目接入电力系统规划设计阶段，应进行电能质量预测评估	查阅接入系统设计报告或预测评估报告（评估报告的评审意见）	记录电能质量预测评估报告名称及评估结论

续表

技术监督阶段	监督内容							
	技术监督专业	序号	监督项目	关键项权重	监督要点	监督依据	监督要求	监督结果
用户接入规划设计	电能质量	5	电能质量控制措施	Ⅱ	对于预测评估结论为电能质量超标的项目，评审意见中应要求采取电能质量控制措施	《电力系统电能质量技术管理规定》(DL/T 1198—2013)：6.4 b）对于预测评估为电能质量超标的项目，应明确需要采取的电能质量控制技术措施	查阅预测评估报告（评估报告的评审意见）	记录预测评估报告评审意见中控制措施要求
		6	电能质量监测装置	Ⅱ	1. 对于评估报告中明确需采取电能质量控制措施的项目，评审意见中应要求同步安装电能质量在线监测装置。 2. 在牵引站接入系统的公共连接点安装电能质量监测装置。 3. 风电场应配置电能质量监测装置。 4. 光伏发电站应配置电能质量监测装置	1.《电力系统电能质量技术管理规定》(DL/T 1198—2013)：6.3 监管部门负责对评估报告进行评审，并给出审查意见。对于评估报告中明确需采取电能质量控制措施的项目，需同步安装电能质量在线监测装置。 2.《电气化铁路牵引站接入电网导则（试行）》（国家电网发展〔2009〕974号）： 8.4 电能质量监测装置：在牵引站接入系统的公共连接点需要安装电能质量监测装置，实时监测谐波、负序、电压波动与闪变等电能质量参数。 3.《风电场接入电力系统技术规定》(GB/T 19963—2011)：11.4 风电场应配置电能质量监测设备，以实时监测风电场电能质量指标是否满足要求。 4.《光伏发电站设计规范》(GB 50797—2012)： 9.2.3 1. 直接接入公用电网的光伏发电站应在并网点装设电能质量在线监测装置	查阅预测评估报告（评估报告的评审意见）	记录预测评估报告评审意见中安装监测装置的要求

附表 1-2　　电能质量全过程技术监督精益化管理实施细则（设备采购阶段）

技术监督阶段	监督内容							
	技术监督专业	序号	监督项目	关键项权重	监督要点	监督依据	监督要求	监督结果
设备采购	电能质量	1	电能质量监测装置型式试验报告管理	Ⅰ	电能质量监测装置具有国家认可的检测机构出具的合格的型式试验报告	1.《电能质量监测技术规范　第2部分：电能质量监测装置》（Q/GDW 1650.2—2014）： 8.3　型式检验。（项目详见附表1-6）。 2.《国家电网公司物资采购标准测控及在线监测系统卷　电能质量监测终端册》电能质量监测终端通用技术规范（编号：500135576）： 1.2　投标人应提供的资格文件 e）产品说明书、出厂试验报告，具有国家认可的检测机构出具的合格的型式试验、产品性能测试报告	查阅每种型号电能质量监测装置的技术规范书（投标文件中的检验报告）	记录是否具备型式试验报告，记录供应商所提供型式试验的编号、试验日期、对应投标产品型号以及试验单位
		2	电能质量监测装置产品性能测试报告管理	Ⅰ	电能质量监测装置具有国家认可的检测机构出具的合格的产品性能测试报告	1.《电能质量监测技术规范　第2部分：电能质量监测装置》（Q/GDW 1650.2—2014）： 6　监测装置功能要求（项目详见附表1-6）。 2.《国家电网公司物资采购标准测控及在线监测系统卷　电能质量监测终端册》电能质量监测终端通用技术规范（编号：500135576）： 1.2　投标人应提供的资格文件 e）产品说明书、出厂试验报告，具有国家认可的检测机构出具的合格的型式试验、产品性能测试报告	查阅每种型号电能质量监测装置的技术规范书（投标文件中的检验报告）	记录是否具备产品性能测试报告，记录供应商所提供产品性能测试报告的编号、试验日期、对应投标产品型号以及试验单位

续表

技术监督阶段	监督内容							
	技术监督专业	序号	监督项目	关键项权重	监督要点	监督依据	监督要求	监督结果
设备采购	电能质量	3	电能质量监测终端通信格式验证	Ⅰ	监测装置应满足所接入谐波监测系统的通信协议要求，电能质量监测终端通信检测合格	《电能质量监测技术规范　第3部分：监测终端与主站间通信协议》（Q/GDW 1650.3—2014）	查阅每种型号电能质量监测装置的技术规范书（投标文件中的检验报告）	记录是否具备产品性能测试报告，记录供应商所提供产品性能测试报告的编号、试验日期、对应投标产品型号以及试验单位
		4	电压监测仪选型检验	Ⅰ	电压监测仪必须具有省级及以上技术机构出具的有效的选型检验报告	《国家电网公司供电电压、电网谐波及技术线损管理规定》［国网（运检/4）412—2014］： 第三十八条　电压监测装置作为电压合格率指标考核的重要监测设备，应具有省级及以上技术机构出具的选型检验报告	查阅每种型号电压监测装置的技术规范书（投标文件中的检验报告）	记录是否具备选型检验报告
		5	电压监测仪功能	Ⅰ	电压监测仪的功能应满足《电压监测装置技术规范》（Q/GDW 1819—2013）的功能要求	《电压监测装置技术规范》（Q/GDW 1819—2013）： 6 功能要求	查阅每种型号电压监测装置技术规范书（投标文件），检验报告	记录是否具备功能检测报告

附表 1-3 **电能质量全过程技术监督精益化管理实施细则（设备验收阶段）**

技术监督阶段	监督内容							
	技术监督专业	序号	监督项目	关键项权重	监督要点	监督依据	监督要求	监督结果
设备验收	电能质量	1	电能质量监测装置出厂检验报告管理	Ⅱ	每台电能质量监测装置应具备满足《电能质量监测技术规范 第2部分：电能质量监测装置》（Q/GDW 1650.2—2014）要求的出厂检验报告	《电能质量监测技术规范 第2部分：电能质量监测装置》（Q/GDW 1650.2—2014）： 8.2 出厂检验（项目详见附表1-6）	查阅出厂检验报告	记录是否具备出厂检验报告
		2	电能质量监测装置验收报告管理		应具备满足《电能质量监测技术规范 第2部分：电能质量监测装置》（Q/GDW 1650.2—2014）要求的验收报告	《电能质量监测技术规范 第2部分：电能质量监测装置》（Q/GDW 1650.2—2014）： 表9 验收检验（项目详见附表1-6）	查阅验收报告	记录是否具备验收报告
		3	电能质量监测装置数据通信验收验证	Ⅰ	监测装置应完成《电能质量监测技术规范 第3部分：监测终端与主站间通信协议》（Q/GDW 1650.3—2014）对应的数据通信验证	《电能质量监测技术规范 第2部分：电能质量监测装置》（Q/GDW 1650.2—2014）： 7.8 数据通信验证。 《电能质量监测技术规范 第3部分：监测终端与主站间通信协议》（Q/GDW 1650.3—2014）	查阅验收报告	记录各种型号监测装置是否完成数据通信验证
		4	电压监测仪验收试验		应具备电压监测仪验收抽检报告	《电压监测仪检验规范》（Q/GDW 1817—2013）： 4.3 验收检验：按照国家、行业的标准进行检验，对生产厂商提供的同一批次部分产品进行抽检，若抽检的样品经检验符合本规范的要求，则此批次产品可接受，否则拒绝接收。电力用户应按照《计数抽样检验程序 第2部分：按极限质量（LQ）检索的孤立批检验抽样方案》（GB/T 2828.2—2008）的抽检方法进行样品抽样	查阅验收检验报告	记录是否具备验收检验报告

附表 1-4 电能质量全过程技术监督精益化管理实施细则（运维检修阶段）

技术监督阶段	监督内容						
	技术监督专业	序号	监督项目	关键项权重	监督要点	监督依据	监督要求	监督结果
运维检修	电能质量	1	干扰源台账	Ⅰ	应建立干扰源台账	1.《电能质量技术监督规程》（DL/T 1053—2017）：4.9 应建立健全电能质量干扰源台账、电能质量事故及其分析处理档案。 2.《国网公司供电电压、电网谐波及技术线损管理规定》［国网（运检/4）412—2014］： 第十七条（三）、第二十七条（三）、第三十一条（三）	查阅干扰源台账	记录是否有干扰源台账
		2	电能质量事故及分析处理档案	Ⅰ	应建立电能质量事故及分析处理档案	1.《电能质量技术监督规程》（DL/T 1053—2017）：4.9 应建立健全电能质量干扰源台账、电能质量事故及其分析处理档案。 2.《国网公司供电电压、电网谐波及技术线损管理规定》［国网（运检/4）412—2014］： 第十五条（六）、第二十四条（一）、第二十九条（一）	查阅电能质量事故分析处理档案	记录是否有事故及分析档案
		3	电能质量治理措施	Ⅰ	当电能质量不符合国家标准时应按照“谁引起，谁治理”的原则及时处理	1.《电能质量技术监督规程》（DL/T 1053—2017）：4.3 当电网企业、并网运行的发电企业或电力用户产生干扰导致电能质量不符合国家标准时，应按“谁引起，谁治理”的原则及时处理。 2.《国网公司供电电压、电网谐波及技术线损管理规定》［国网（运检/4）412—2014］： 第十七条（二）和（三）、第二十七条（二）和（三）、第三十一条（二）和（三）	查阅测试数据、测试报告、整改通知单	记录评估报告结果、整改通知单编号

续表

技术监督阶段	监督内容							
	技术监督专业	序号	监督项目	关键项权重	监督要点	监督依据	监督要求	监督结果
运维检修	电能质量	4	谐波测试	Ⅱ	1. 直流换流站测试周期为每年一次；500kV 变电站每两年完成一次轮测；220kV 变电站每三年完成一次轮测；110kV 及以下变电站每六年完成一次轮测。 2. 接有电气化铁路、冶金、风电、光伏等大型谐波源用户的变电站每年测试一次。 3. 测试时间不少于 24h。 4. 应根据测试周期，制定单位年度测试计划，按计划完成年度测试工作	《国网公司供电电压、电网谐波及技术线损管理规定》［国网（运检/4）412—2014］： 第四十一条	查阅谐波测试计划、测试报告	记录谐波计划情况及测试报告编号
		5	电能质量监测装置周期检验	Ⅰ	1. 便携式电能质量监测分析仪检验周期不应超过 2 年，使用频繁的仪器检验周期不宜超过 1 年。 2. 修理后的电能质量监测装置应经检验合格后才投入使用	《电能质量监测技术规范　第 2 部分：电能质量监测装置》（Q/GDW 1650.2—2014）： 8.4　周期检验（项目详见附表 1-6）	查阅仪器检验报告	记录仪器检验报告名称、编号及检验结果
		6	电压监测仪检验周期	Ⅰ	在运的电压监测仪应进行周期检验，周期检验的间隔为 1～3 年，检验须保留检验记录或检验报告	《电压监测仪检验规范》（Q/GDW 1817—2013）： 4.4　周期（首次）检验：确定电压监测仪自上次检验起，并在有效期内使用后，其计量性能是否符合所规定的要求。首次检验时应按照检验项目明细表的检验项目检验所有到货的电压监测仪；周期检验则应将运行中的监测仪按周期拆下送试验室检验，周期检验的间隔为 1～3 年	查阅资料检验记录或报告	记录周期检验报告号（周期检验记录）

附表 1-5　　电能质量全过程技术监督精益化管理实施细则（设备报废阶段）

技术监督阶段	监督内容							
	技术监督专业	序号	监督项目	关键项权重	监督要点	监督依据	监督要求	监督结果
设备报废	电能质量	1	电能质量监测装置退役报废	Ⅱ	电能质量监测装置退役报废由资产运维单位（部门）及时进行设备台帐信息变更，并通过系统集成同步更新资产状态信息	《国家电网公司电网实物资产管理规定》（国家电网企管〔2014〕1118号）： 第三十四条　资产新增、退役、调拨、报废等变动时应同步更新PMS、TMS、OMS等相关业务管理系统、ERP系统信息，确保资产管理各专业系统数据完备准确，保证资产帐卡物动态一致。 （二）实物资产退役报废。实物资产退役后，由资产运维单位（部门）及时进行设备台帐信息变更，并通过系统集成同步更新资产状态信息	查阅电能质量监测装置资产管理相关台账和信息系统	对应监督要点，记录PMS、ERP系统是否进行更新
		2	电压监测仪退役报废	Ⅱ	电压监测仪退役报废由资产运维单位（部门）及时进行设备台帐信息变更，并通过系统集成同步更新资产状态信息	《国家电网公司电网实物资产管理规定》（国家电网企管〔2014〕1118号）： 第三十四条　资产新增、退役、调拨、报废等变动时应同步更新PMS、TMS、OMS等相关业务管理系统，ERP系统信息，确保资产管理各专业系统数据完备准确，保证资产帐卡物动态一致。 （二）实物资产退役报废。实物资产退役后，由资产运维单位（部门）及时进行设备台帐信息变更，并通过系统集成同步更新资产状态信息	查阅电压监测仪资产管理相关台账和信息系统	对应监督要点，记录PMS、ERP系统是否进行更新

附表 1-6 电能质量全过程技术监督精益化管理实施细则——试验项目和建议顺序

建议顺序	检 验 项 目	出厂检验	型式检验	验收检验	周期检验	不合格类别
1	外观结构	√	√	√	√	B
2	基本功能	√	√	√	√	A
3	准确度	√	√	√	√	A
4	数据通信接口	√	√			A
5	数据通信验证	√ *	√ *	√ *		A
6	电源影响（电源断相、电压变化）	√	√			A
7	功率消耗	√	√			B
8	抗接地故障能力	√	√			A
9	高温影响		√			A
10	低温影响		√			A
11	温升		√			A
12	连续通电稳定性		√			A
13	电压暂降和短时中断抗扰度		√			A
14	工频磁场抗扰度		√			A
15	射频电磁场辐射抗扰度		√			A
16	射频场感应的传导骚扰抗扰度					A
17	静电放电抗扰度		√			A
18	电快速瞬变脉冲群抗扰度		√			A
19	阻尼振荡波抗扰度		√			A
20	浪涌试验		√			A
21	绝缘电阻	√	√	√	√	A
22	绝缘强度	√	√			A
23	冲击耐压		√			A
24	机械性能		√			B
25	交变湿热		√			B
26	外壳防护		√			A
27	外壳和端子着火试验		√			A

注： 1. “√”表示应做的项目。

2. “√ *”表示仅固定式电能质量监测终端应做的项目。

附表1-7 电能质量全过程技术监督精益化管理实施细则——监测装置分级

监测装置级别			A级	S级
稳态数据	电压、电流有效值		必备	必备
	有功、无功和视在功率、功率因数		必备	必备
	基波有功、无功和功率因数、基波相角		必备	可选
	电压偏差		必备	必备
	频率偏差		必备	必备
	三相不平衡	三相电压、电流不平衡度	必备	必备
		三相电压、电流序分量	必备	可选
	谐波	谐波电压、电流含有率（2～50次）	必备	必备
		谐波电流有效值（2～50次）	必备	必备
		电压总谐波畸变率、电流总谐波畸变率	必备	必备
		谐波相角（2～50次）	必备	—
		谐波功率	可选	可选
	间谐波	间谐波电压、电流含有率	必备	可选
		间谐波电流有效值	必备	可选
	闪变		必备	可选
	电压波动		可选	可选
暂态数据	事件数据	电压暂降	必备	可选
		电压暂升	必备	可选
		短时电压中断	必备	可选
		冲击电流	可选	可选
	波形数据	触发记录的波形数据	必备	可选
	有效值数据	触发记录的有效值数据	必备	可选
瞬态数据	事件类型	电压瞬变	必备	可选
		电流瞬变	可选	可选
	波形数据	触发记录的波形数据	必备	可选
状态量			必备	可选
通信接口	以太网接口		必备	必备
	EIA RS-232/485接口		可选	可选
	USB接口		可选	可选
校时方式		网络	必备	必备
		卫星授时	必备	可选

注：瞬态数据测量是便携式电能质量分析仪的必备功能。

B 部分

××省电力公司电能质量管理办法

第一章 总 则

第一条 为规范电能质量管理，保证电网安全、经济运行和电能质量，维护电气设备的安全使用环境，保护发、供、用电各方的合法权益，依据《电力法》以及国家和国家电网公司电能质量标准、规定等，结合××省电网实际情况，制定本办法。

第二条 本办法所指的电能质量是指公司所辖公用电网 PCC 点的交流电能质量，其内容包括：电压偏差、频率偏差、谐波电压与谐波电流、电压波动和闪变、三相电压不平衡、电压暂升或暂降等。

第三条 因公用电网、并网发电企业或用户用电原因引起的电能质量不符合国家标准时，应按“谁污染，谁治理”的原则及时处理，并应贯穿于公用电网、并网发电企业及用电设施设计、建设和生产的全过程。

第四条 本办法规定了电能质量的管理职责、管理内容、工作要求、检查考核等方面内容。

第五条 本办法适用于××省电力公司（简称省公司）各单位电能质量管理。××电网并网运行的发电企业、电力客户应遵守本管理办法。

第二章 管 理 职 责

第一节 省公司职责

第六条 运维检修部是电能质量归口管理部门，职责如下：

（一）负责贯彻执行国家、行业等关于电能质量的政策、标准、制度及条例，负责制定公司电能质量管理规定和技术标准。

（二）负责编制公司电能质量管理工作规划与年度工作计划，督促、检查、指导、考核公司系统各单位电能质量管理工作。

（三）负责电能质量监测点设置管理和电网侧电能质量治理或抑制装置、电能质量监测系统的运行维护管理。

（四）负责电能质量指标管理，组织开展电能质量监测（测试）、统计、分析，发布全省电能质量监测评估报告，制定电能质量改善措施并组织落实。

（五）负责建立健全全省电能质量污染源用户档案，参加大容量电能质量污染源负荷接入系统审查，组织开展电能质量污染源接入后的电能质量监测评估。

（六）组织电网侧电能质量监测与治理工程的交接验收，参加大容量电能质量污染源用户治理方案审查和治理工程的验收。

（七）负责组织电网侧重大电能质量事件的调查、分析和处理等工作。

（八）负责组织电能质量技术交流，推广应用电能质量监测和降低电能质量污染的新技术、新设备。

第七条　发展策划部

（一）负责改善全省电网电能质量水平的整体规划工作，将全省电网电能质量控制目标列入电网近期和远景规划。

（二）负责组织大容量电能质量污染源负荷的接入系统审查。

第八条　安全监察质量部

负责公司电能质量管理的监督，参与电能质量事件的调查、分析和处理，组织开展电能质量管理专项监督检查，监督各单位持续改进电能质量工作的落实。

第九条　营销部

（一）负责宣传和贯彻国家、行业及国家电网公司有关电力客户电能质量管理要求，明确电力客户维护电网电能质量的责任和义务，并纳入供用电合同。

（二）参加大容量电能质量污染源负荷接入系统审查，负责督促大容量电能质量污染源用户进行电能质量预测评估并落实治理方案，组织用户电能质量治理工程的交接验收。

（三）负责组织对电能质量污染源用户治理设备和监测装置运行情况的监督与检查，督促电能质量超标的用户制定并落实整改措施。

（四）负责受理用户对电能质量问题的反映和投诉，组织用户侧重大电能质量事件的调查、分析和处理等工作。

第十条　基建部负责电网侧电能质量监测与治理设备的建设管理工作，确保新建工程的电能质量监测治理设备与工程同步建设和投运。

第十一条　电力调度控制中心

（一）负责电网频率偏差和电压偏差的调整与控制。

（二）定期分析电网电压、频率质量状况，提出改进建议和措施。

（三）参与大容量电能质量污染源负荷的接入系统审查和重大电能质量事件的调查、分析和处理等工作。

第十二条　电科院

（一）负责电能质量监测系统的运行维护和电能质量污染源数据库的动态更新。

（二）负责电能质量监测装置的质量检测和周期检验工作。

（三）承担重要电能质量污染源接入系统后的电能质量测试（监测）分析。

（四）审核省检修公司、地市供电公司（以下简称各单位）电能质量测试结果，编制全省电能质量监测评估报告，提出改善电网电能质量的措施。

（五）承担电能质量技术监督和技术培训工作，为基层单位电能质量监测、测试、分析、评估等工作提供技术支持。

（六）参与重要电能质量污染源接入系统审查和重大电能质量事件的调查处理，承担现场取证与分析工作。

第二节　省检修公司职责

第十三条　运维检修部是本单位电能质量归口管理部门，其主要职责：

（一）负责贯彻执行国家、行业等关于电能质量的政策、标准、制度及条例，制定本单位电能质量管理实施细则。

（二）负责编制本单位电能质量年度工作计划，制订并落实改善电网电能质量的措施。

（三）负责组织开展所辖电网侧的电能质量现场测试、在线监测和分析工作，对电能质量超标问题提出处理意见并组织落实。

（四）组织所辖电网侧电能质量监测与治理工程的交接验收，负责电能质量监测治理设备运维与更新改造的管理工作。

（五）参加电能质量污染源负荷接入系统审查，开展电能质量污染源接入后的电能质量监测评估。

（六）组织开展所辖电网侧电能质量技术监督工作，编制电能质量测试分析报告和电能质量专业总结。

第十四条　工区（班组）

（一）负责所辖变电站电能质量现场测试、在线监测及分析等工作，落实电能质量超标问题的整改措施。

（二）负责所辖变电站电能质量监测治理装置的运行维护和更新改造等工作。

第三节　地市公司职责

第十五条 运维检修部是本单位电能质量归口管理部门，其主要职责：

（一）负责贯彻执行国家、行业等关于电能质量的政策、标准、制度及条例，制定本单位电能质量管理实施细则。

（二）负责编制本单位电能质量年度工作计划，制订并落实改善电网电能质量的措施。

（三）负责组织开展所辖电网侧的电能质量现场测试、在线监测和分析工作，对电能质量超标问题提出处理意见并组织落实。

（四）负责所辖电网侧电能质量监测治理设备运维与更新改造的管理工作。

（五）负责建立健全电能质量污染源用户档案，参加电能质量污染源负荷接入系统审查，开展电能质量污染源接入后的电能质量监测评估。

（六）组织所辖电网侧电能质量监测与治理工程的交接验收，参加大容量电能质量污染源用户治理方案审查和治理工程的验收。

（七）组织电能质量事件的调查、处理与上报，对用户电能质量投诉事件提供技术支持，组织开展所辖电网电能质量技术监督工作。

（八）负责组织电能质量技术培训，编制电能质量测试分析报告和电能质量专业总结。

第十六条　发展策划部

（一）负责所辖电网改善电能质量水平的整体规划工作。

（二）负责组织电能质量污染源接入系统设计审查工作。

第十七条　基建部负责电网侧电能质量监测与治理设备的建设管理工作，确保新建工程的电能质量监测治理设备与工程同步建设和投运。

第十八条　安全监察质量部负责本单位电能质量管理的监督，参与电能质量事件的调查、分析和处理，组织开展电能质量管理专项监督检查，监督各单位持续改进电能质量工作的落实。

第十九条　营销部（客户服务中心）

（一）负责宣传贯彻国家电能质量标准，将电能质量约束条款纳入到供用电合同。

（二）负责核准用户负荷性质，收集汇总电能质量污染源用户档案，参加电能质量污染源负荷接入系统审查。

（三）负责督促电能质量污染源用户进行电能质量预测评估并落实治理方案，组织用户电能质量治理工程的交接验收。

（四）负责开展用户电能质量治理设备和监测装置运行情况的监督与检查，负责用户侧电能质量现场测试工作，督促电能质量超标的用户限期采取整改措施。

（五）负责受理用户对电能质量问题的反映和投诉，组织用户侧电能质量事件的调查、分析和处理等工作。

第二十条　电力调度控制中心

（一）负责所辖电网电压偏差的调整与控制。

（二）定期分析电网电压质量状况，提出改进建议和措施。

（三）参与电能质量污染源负荷的接入系统审查和电能质量事件的调查、分析和处理等工作。

第二十一条　工区（班组）

（一）负责所辖变电站电能质量现场测试、在线监测及分析等工作，落实电能质量超标问题的整改措施。

（二）负责所辖变电站电能质量监测治理装置的运行维护和更新改造等工作。

第四节　县公司职责

第二十二条　安全运检部是本单位电能质量归口管理部门，其主要职责：

（一）负责编制本单位电能质量年度工作计划，制订并落实改善电网电能质量的措施。

（二）负责组织开展所辖电网侧的电能质量现场测试、在线监测和分析工作，对电能质量超标问题提出处理意见并组织落实。

（三）负责所辖电网侧电能质量监测治理设备建设、运维与更新改造的管理工作。

（四）负责建立健全电能质量污染源用户档案，参加电能质量污染源负荷接入系统审查，开展电能质量污染源接入后的电能质量监测评估。

（五）组织电网侧电能质量监测与治理工程的交接验收，参加电能质量污染源用户治理方案审查和治理工程的验收。

（六）组织电能质量事件的调查、处理与上报，对用户电能质量投诉事件提供技术支持，组织开展所辖电网电能质量技术监督工作。

（七）负责组织电能质量技术培训，编制电能质量测试分析报告和电能质量专业总结。

第二十三条 客服中心

（一）负责宣传贯彻国家电能质量标准，将电能质量约束条款纳入到供用电合同。

（二）负责核准用户负荷性质，收集汇总电能质量污染源用户档案，参加电能质量污染源负荷接入系统审查。

（三）负责督促电能质量污染源用户进行电能质量预测评估并落实治理方案，组织用户电能质量治理工程的交接验收。

（四）负责开展用户电能质量治理设备和监测装置运行情况的监督与检查，负责用户侧电能质量现场测试工作，督促电能质量超标的用户限期采取整改措施。

（五）负责受理用户对电能质量问题的反映和投诉，组织用户侧电能质量事件的调查、分析和处理等工作。

第二十四条 电力调度控制中心

（一）定期分析电网电压质量状况，提出改进建议和措施。

（二）参与电能质量污染源负荷的接入系统审查和电能质量事件的调查、分析和处理等工作。

第二十五条 工区（班组）

（一）负责所辖电网侧电能质量现场测试、在线监测及分析等工作，落实电能质量超标问题的整改措施。

（二）负责所辖电网侧电能质量监测治理装置的建设、运维和更新改造等工作。

第三章 基 本 要 求

第二十六条 在进行电网规划时，应将电网电能质量控制目标列入电网规划要求，并充分考虑以下几方面因素：

（一）电网规划中要体现保障电网电压水平、频率水平、谐波水平、三相不平衡水平、电压波动和闪变水平等电能质量指标的技术要求。

（二）电网近期规划应包括电能质量现状分析、电能质量目标控制、电能质量污染源接入规划、电能质量监测与治理规划等。

第二十七条 在进行电网系统设计时，应充分考虑电能质量污染源用户接入、综合治理等方面的要求，并综合考虑以下几方面因素：

（一）无功补偿装置设计时要根据安装点的谐波测试或谐波预测评估结果，合理确定电容器装置串联电抗器的参数。

（二）新建、改造的220kV及以上变电站和有大容量电能质量污染源接入的110kV变电站要同步加装电能质量在线监测装置，用于监测变电站各侧母线和重要出线的电能质量。

（三）大容量电能质量污染源用户的电网公共连接点（PCC点）处必须安装电能质量在线监测装置。35kV及以上电能质量污染源专线用户应在变电站侧和用户侧同时安装电能质量在线监测装置。

（四）由于多种因素引起系统变电站电能质量指标不符合国家标准时，要开展电能质量监测评估分析，必要时进行电能质量综合治理。

（五）选择供电方案时要充分考虑电能质量污染源负荷对电网和其它用户（特别是敏感和重要用户）的影响，选择合适的供电电压等级和接入点。

（六）新建或改造的电能质量污染源用户在申请用电时，必须提供用电设备的参数和运行特点，营销部门要审查用户用电设备的参数和负荷特性，确定用户的非线性负荷性质和容量。

（七）电能质量污染源用户接入系统设计时，应同时开展电能质量评估工作。非线性设备用电容量占其总用电容量20%及以上的大、中型非线性用户须出具评估报告，电气化铁路须遵循《国网公司电气化铁路供电工作管理规定》开展评估工作；非线性设备用电容量占总用电容量不足20%的小型非线性用户可不出具评估报告，在投运时进行电能质量指标测试，来确定对电网电能质量的影响是否在国标允许范围内。大型风力、光伏等间歇性可再生发电新能源应开展电能质量评估。

（八）开展电能质量污染源用户接入系统审查时，用户提交的电能质量预测评估报告应由省级及以上电能质量（谐波）监测中心认定的单位出具。

第二十八条 在输变电工程建设时，要同步考虑电能质量监测系统的建设，并充分考虑以下几方面的因素：

（一）对于220kV及以上变电站和有大容量电能质量污染源接入的110kV变电站，要配置技术性能和通信协议满足要求的电能质量在线监测装置，要求其在投运前接入电能质量监测系统，验收合格后与电网工程同步投入运行。

（二）对于有大容量电能质量污染源接入的系统变电站，应校核无功补偿装置串抗率配置的合理性、确认综合治理措施是否满足要求。

（三）电能质量污染抑制或治理设备须与工程同步投运，在接电后应进行测试复核，不符合要求的用户工程不允许接入电网正式运行。

第四章 管 理 内 容

第一节 电能质量指标管理

第二十九条 省公司运维检修部应根据每年电网电能质量状况及电能质量污染源用户台账，颁布和下达电能质量年度工作计划以及考核指标。

第三十条 各单位和部门按照公司下达的电能质量工作计划和考核指标制定详细的工作措施及方案。

第三十一条 电能质量监测与分析

（一）电网频率、电压允许偏差指标由各级调度部门负责统计，并上报主管部门。

（二）供电电能质量指标由各级运维部门负责汇总和统计上报。

（三）各单位于每月5日前将电能质量指标月报表上报电科院，电科院审核后报省公司。

（四）各单位应结合年度电能质量监测和普测情况编制电能质量季度（年度）分析

报告，于每季度首月10日前（次年1月10日前）将季度（年度）电能质量分析报告上报省公司，抄送电科院；电科院负责汇总编制全省电能质量分析报告，于每季度首月15日前或次年1月底前提交省公司审核。

第二节 电能质量监测装置管理

第三十二条 电能质量分析仪和电能质量监测装置的管理列入技术监督范围。电能质量分析仪应每两年开展全部检验；电能质量监测装置安装前由电科院负责抽检，抽检率不低于20%。

第三十三条 电科院每年10月编制下年度电能质量监测装置和电能质量分析仪检验计划，上报省公司确认；各单位按计划送电科院校验或开展现场校验。

第三十四条 电科院承担电能质量监测管理系统的建设与运行维护，安排专人每天巡视系统一次，及时消除系统缺陷，确保系统运行稳定、可靠。

第三十五条 各单位负责电能质量监测装置的安装和运行维护，对于安装在变电站的电能质量监测装置，变电运维人员应结合变电站巡视进行检查，发现装置缺陷时应按设备缺陷管理流程及时进行处理。

第三十六条 各单位按月开展电能质量监测设备完好率统计和设备故障分析；电科院按季度开展电能质量监测设备的运行情况分析，包括电能质量监测设备的季度检验率、完好率、故障率以及系统运行可靠率等指标分析。

第三十七条 各单位根据电能质量监测点设置原则和电能质量监测设备运行情况，每年应结合年度技改和修理项目管理要求编制上报电能质量监测设备下年度需求计划，保证电能质量监测点监测装置设置的合理性和设备运行的可靠性。

第三节 电能质量治理

第三十八条 电能质量污染源用户注入电网的电能质量指标超标时，各级运维检修部要将电能质量检测结果和整改建议以工作联系单形式提交营销部门。营销部门下达用电检查通知书，督促用户限期治理并达到国家标准规定要求。

第三十九条 营销部门应跟踪检查电能质量污染源用户电能质量治理设备的运行情况。治理设备因故障停运的，须限期整改并恢复运行。

第五章 检查与考核

第四十条 省公司运维检修部负责对各单位电能质量管理工作进行检查考核。

第四十一条 检查考核包括电能质量工作计划制定落实情况、电能质量指标完成情况、电能质量监测系统和装置缺陷整改及时率以及各类报表、总结编制正确性、上报及时性等内容。

第六章 附 则

第四十二条 本管理办法由××省公司运维检修部负责解释。

第四十三条 本办法自印发之日起施行，原办法同时废止。

附表 1-8　　××省电力公司电能质量管理流程图

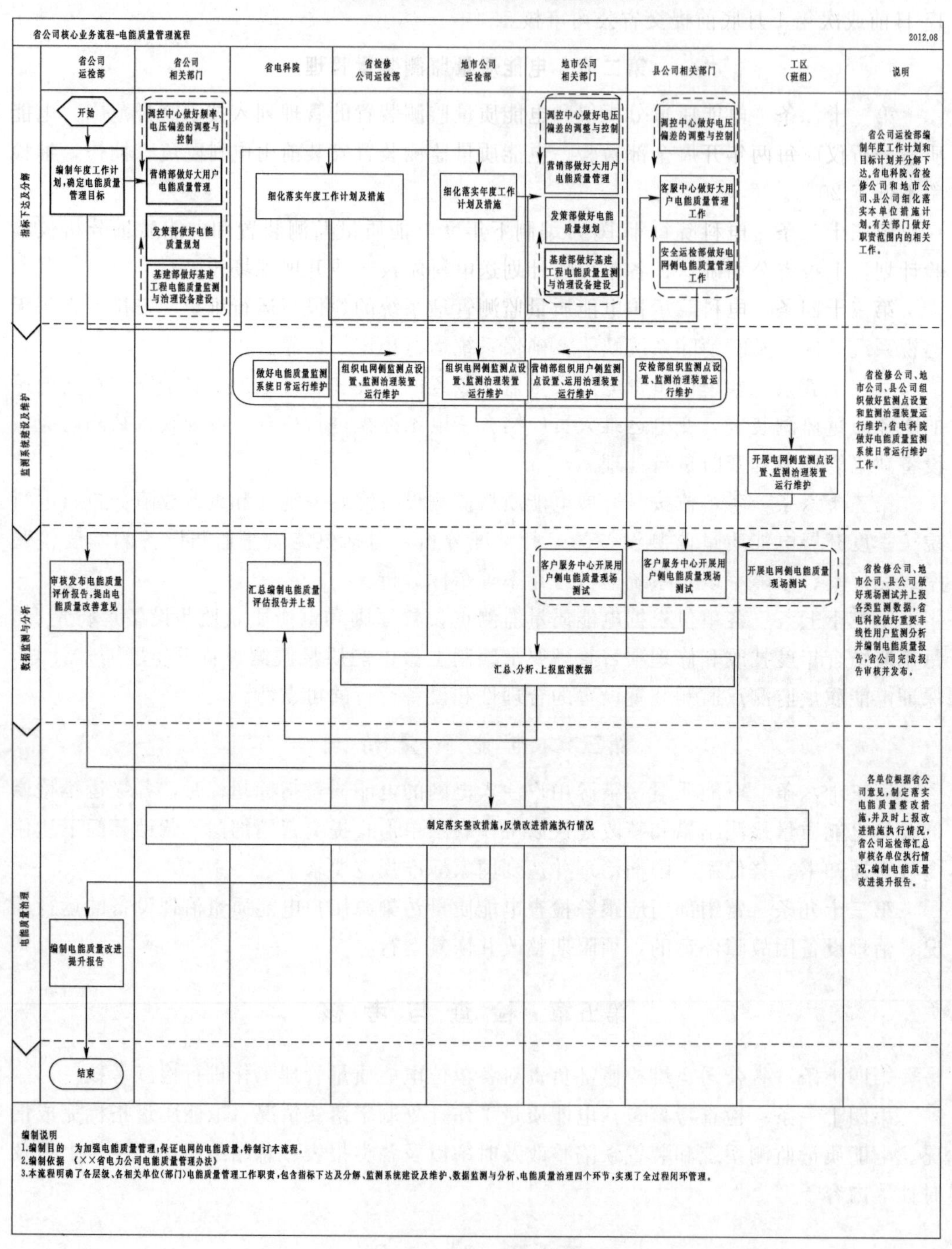

附录2 典型电能质量治理设备功能表

附表2-1　　　　电能质量治理设备功能表

电能质量治理装置	短时中断	三相不平衡	电压暂降	闪变	谐波	浪涌
不间断电源（uninterruptible power system，UPS）	有	有	有	无	无	无
动态电压补偿器（dynamic voltage restorger，DVR）	有	有	有	有	无	无
动态无功补偿装置（static var generator，SVG）	无	有	有	有	有	无
统一电能质量调节器（unified power quality conditioner，UPQC）	有	有	有	有	有	有
有源电力滤波器（active power filter，APF）	无	有	无	无	有	有
固态切换开关（solid state transfer switch，SSTS）	有	无	无	无	无	无
无源滤波（passive power filter，PPF）	无	无	无	无	有	有
瞬变电压脉冲抑制器（transient voltage surge suppressor，TVSS）	无	无	无	无	无	有
静止无功补偿器（static var compensator，SVC）	无	有	无	有	有	有

通常建议Ⅰ级、Ⅱ级电压暂降敏感用户安装电能质量治理装置，Ⅲ级、Ⅳ级敏感用户根据用电设备自身保护情况选择安装电能质量治理装置，具体建议需根据用户的具体设备情况确定。

附录3 案例：某石化公司电压暂降问题投诉及处理

该案例为某石化公司电压暂降问题投诉分析处理的典型案例。

一、案例介绍

某石化公司2012年年底送电。至2015年共统计记录10次电压暂降。经对比当时电网运行情况，其中10kV线路故障1次，35kV线路故障2次，220kV线路故障3次，无故障记录4次。

在2016年的1年时间内，发生了18次电网电压问题，给工厂的生产造成了极大的损失。其投诉到属地政府和电力公司。经查，其中1次由于用户设备故障导致停电，其他17次为电压暂降（14次当时区域电网其他线路故障，3次无相关故障记录），电压暂降持续时长均未超过1s。17次电压暂降情况见附表3-1。14次电网设备故障类型统计见附表3-2。14次电网设备故障引发电压暂降程度统计见附表3-3。

（1）3次（第2、14、16次）无相关故障记录。5月9日13：50，当时该区域电网无故障。在距离该地区30km左右的××港地区35kV电缆故障。推测由此故障引发。7月20日14：49和7月20日16：34，特大暴雨并伴有大风雷电。当时电网无故障，推测由雷击引发。

（2）14次电压暂降，9次由7月19日晚至7月20日间极端恶劣天气下××站10kV线路故障（5次为用户设备树碰线）引发。

（3）依据调取的110kV××港站35kV母线电压波形分析（1次未调取到电压波形），7月24日为与该线路同母线的35kV××线故障引发的电压暂降降低至0.11pu左右，2次电压暂降降低至0.66pu左右，10次电压暂降降低至0.75pu左右。

附表3-1　　17次电压暂降情况统计表

	用户反映电压暂降	对照当时35kV其他线路故障	对照当时10kV其他线路故障	无相关故障记录
次数	17	2	12	3
占比/%	100	11.76	70.59	17.65

附表3-2　　14次电网设备故障类型统计

	电网故障	用户设备故障	公司设备故障	原因不明
次数	14	8	4	2
占比/%	100	57.14	28.57	14.29

附表 3-3　　14 次电网设备故障引发电压暂降程度统计

持续时间/ms	240～250	251～260	770～780	无相关电压波形
次数	6	5	2	1
占比/%	42.86	35.71	14.29	7.14
电压暂降造成的电压/pu	0.11～0.2	0.6～0.7	0.7～0.8	无相关电压波形
次数	1	2	10	1
占比/%	7.14	14.29	71.43	7.14

二、14 次电网故障的原因及处理过程

该石化公司专用变电站为 35kV 双电源供电，站内接线方式为单母线分段接线，运行容量为 2 台 10000kVA 主变压器。35kV 电源一路来自 110kV ××湾站，另一路来自 35kV ××道站。2 台主变压器负载率均为 65%左右。14 次电网设备故障示意如附图 3-1 所示。

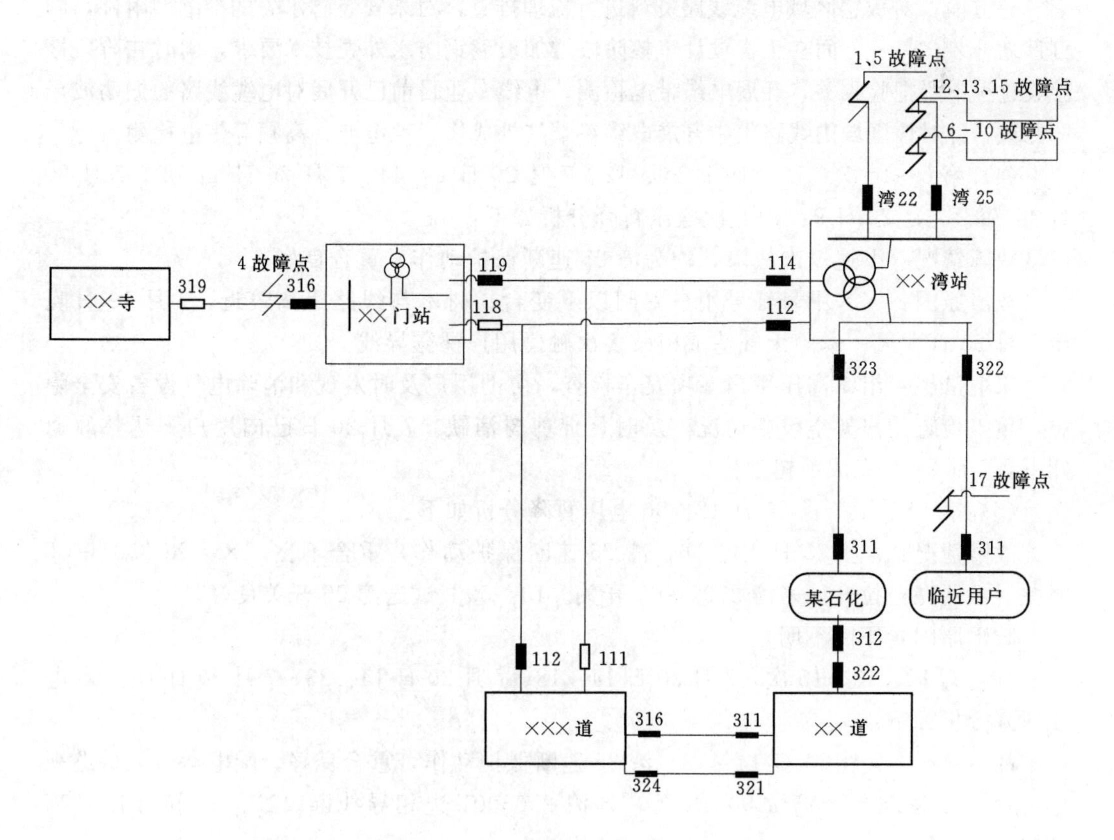

附图 3-1　14 次电网设备故障示意图

(1) 第 1、5 次，5 月 5 日 10：42、7 月 17 日 13：36 电压暂降分析如下：

故障情况：5 月 5 日 10：42、7 月 17 日 13：36，湾 22 速断保护动作，重合闸停用。5 月 20 日、7 月 19 日分别处理完成，恢复送电。

故障原因：××湾 2208-02 号开关以下（二号雨水泵站）红号用户电缆故障。

采取措施：更换电缆，并组织高压用户专项安全检查，协助用户及时发现和消除电气设备安全隐患。

（2）第 3 次，5 月 11 日 12：53 电压暂降分析如下：

故障情况：5 月 11 日 12：53，湾 22 速断保护动作，重合闸停用，试送良好。

故障原因：原因不明。

（3）第 4 次，5 月 13 日 2：35 电压暂降分析如下：

故障情况：2016 年 5 月 13 日，220kV ××门站与 35kV××寺站之间的 316 开关保护动作掉闸，重合不良。

故障原因：电缆中间接头安装工艺存在缺陷，接头防水壳密封不严，导致进水。在水的作用下，电缆附件内部局部放电逐步发展，最终绝缘击穿。

采取措施：

一方面，对敏感区域电缆线路资料进行梳理排查，对未安装防水壳的冷缩型附件，制订计划补装；另一方面在工程设计审核阶段增加玻璃钢防水外壳技术要求，同时在阶段性验收过程中严把验收关，开展电缆带电检测。电缆专业目前已开展对电缆线路的振荡波局放测试，针对该区域内线路集中开展电缆终端红外成像、地电波、高频等带电检测。

（4）第 6～10 次，7 月 19 日 20：12、7 月 20 日 2：44、7 月 20 日 4：02、7 月 20 日 4：08、7 月 20 日 9：19 5 次电压暂降分析如下：

故障情况：上述 5 次故障，均为湾 25 速断保护动作，重合良好。

故障原因：××甲号红号用户刀闸以下变台、树木与线路距离较近，7 月 19 日晚至 7 月 20 日大风、暴雨天气造成树枝多次触碰用户裸露导线。

采取措施：组织高压用户专项安全检查，协助用户及时发现和消除电气设备安全隐患，重点检查用户架空设备情况，及时督促剪树消缺。7 月 20 日已向用户下达整改通知书，7 月 21 日完成剪树工作。

（5）第 11 次，7 月 20 日 12：56 电压暂降分析如下：

故障情况：7 月 20 日 12：56，湾 25 速断保护动作，重合不良。××湾 2501-05 开关寻址器亮，拉开××湾 2501-05 开关。13：59，试送湾 25 开关良好。

故障原因：原因不明

（6）第 12、13、15 次，7 月 20 日 14：18、7 月 20 日 14：23、7 月 20 日 15：05 电压暂降分析如下：

故障情况：7 月 20 日 14：18，湾 25 速断保护动作，重合良好。配电运行人员巡视中，14：55 发现××湾 2500019 至××湾 2505001 边相导线断。15：34 拉开××湾 2500019 刀闸。

故障原因：在大风、暴雨、雷电恶劣天气下，雷击造成××湾 2500019 至××湾 2505001 边相导线断。

采取措施：加强配电运行线路巡视，落实责任制考核，及时发现事故隐患。

（7）第 17 次，7 月 24 日 8：20 电压暂降分析如下：

故障情况：

7月24日8：20，110kV ××湾站35kV322开关速断保护动作掉闸，重合闸停用。临近某用户站35kV开关柜311－2小车刀闸相间绝缘击穿。

故障原因：临近某用户站35kV开关柜内311－2刀闸触头接触不良，绝缘套筒绝缘性能下降，引发相间短路。

采取措施：更换了隔离柜内触头及绝缘套筒，同时要求用户加强对开关柜的巡视检查。组织高压用户专项安全检查，协助用户及时发现和消除电气设备安全隐患。

三、电科院配合对××湾站电压进行的分析评估

通过EMTDC时域仿真，将不同位置、不同故障类型的情况进行电压暂降的数值统计和汇总，不同位置、不同类型的故障下××湾站35kV侧出口、某石化公司35kV进线、某石化公司6kV进线电压暂降情况见附表3－4～附表3－6。

附表3－4　不同位置、不同类型的故障下××湾站35kV侧出口电压暂降情况

故障类型	故障位置		
	线路始端	线路中间	线路末端
A相接地故障	A相暂降1.3%；BC两相无暂降	A相暂降1.1%；BC两相无暂降	A相暂降0.73%；B、C两相无暂降
B、C相间故障	A相暂降4.29%；B相暂降21.39%；C相暂降6.59%	A相无暂降；B相暂降4.09%；C相暂降1.61%	A相无暂降；B相暂降2.3%；C相暂降1.6%
B、C相间短路接地故障	A相暂降5.02%；B相暂降21.32%；C相暂降5.23%	A相暂降1.36%；B相暂降4.78%；C相暂降1.14%	A相暂降0.83%；B相暂降2.2%；C相暂降0.46%
A、B、C三相故障	A、B、C三相暂降均为20.23%	A、B、C相暂降均为4.16%	A、B、C三相暂降均为2.24%

附表3－5　不同位置、不同类型的故障下某石化公司35kV进线电压暂降情况

故障类型	故障位置		
	线路始端	线路中间	线路末端
A相接地故障	A相暂降1.2%；BC两相无暂降	A相暂降0.9%；BC两相无暂降	A相暂降0.67%；B、C两相无暂降
B、C相间故障	A相暂降4.67%；B相暂降21.37%；C相暂降6.56%	A相无暂降；B相暂降3.78%；C相暂降1.52%	A相无暂降；B相暂降2.17%；C相暂降1.23%
B、C相间短路接地故障	A相暂降4.87%；B相暂降21.26%；C相暂降5.66%	A相暂降1.60%；B相暂降4.26%；C相暂降1.53%	A相暂降0.93%；B相暂降2.31%；C相暂降0.51%
A、B、C三相故障	A、B、C三相暂降均为21.30%	A、B、C相均暂降4.07%	A、B、C三相暂降2.20%

附表 3-6　　不同位置、不同类型的故障下某石化公司 6kV 进线电压暂降情况

故障类型	故　障　位　置		
	线路始端	线路中间	线路末端
A 相接地故障	A 相暂降 0.95%；BC 相无暂降	A 相暂降 0.89%；BC 两相无暂降	A 相暂降 0.59%；B、C 两相无暂降
B、C 相间故障	A 相无暂降；B 相暂降 15.54%；C 相暂降 14.79%	A 相无暂降；B 相暂降 3.01%；C 相暂降 2.87%	A 相无暂降；B 相暂降 1.69%；C 相暂降 1.58%
B、C 相间短路接地故障	A 相无暂降；B 相暂降 15.92%；C 相暂降 14.61%	A 相无暂降；B 相暂降 3.37%；C 相暂降 3.02%	A 相无暂降；B 相暂降 1.99%；C 相暂降 1.39%
A、B、C 三相故障	A、B、C 三相暂降均为 20.22%	A、B、C 相均暂降 4.11%	A、B、C 三相暂降 2.06%

进一步分析附表 3-4～附表 3-6 可以得出以下结论：

（1）在 10kV 线路侧发生的故障会影响到 35kV 线路侧的电压，造成电压暂降。

（2）不同的故障类型造成的电压暂降程度也不同：三相短路造成的电压暂降最严重，相间短路和相间短路接地次之，单相接地短路造成的电压暂降问题最弱；三相短路会引起三相电压同时出现电压暂降，相间短路和单相短路的故障相电压会出现暂降。

（3）故障发生后，电压暂降的程度与故障位置密切相关：越靠近 10kV 母线的始端，故障发生后电压暂降越严重；在线路末端发生故障时，电压暂降的程度相对较弱。

四、开展专项隐患排查情况

供电公司积极对敏感线路×石线相关联电气连接敏感区域线路、公用变电站、用户变电站开展专项隐患排查。

（1）输电专业共排查了 110kV 线路 10 条、35kV 线路 4 条，发现隐患或缺陷 8 条，处理 1 条，其中未处理隐患线下或线路周边施工缺陷 4 条，已安排专人监护，加强沿线巡视；线下违章建房缺陷 1 条，已下发隐患通知书，将继续跟踪处理。线下堆物 2 条，已责令清除，清除前加强监护。

（2）变电专业共排查了 110kV 变电站 8 座、35kV 变电站 5 座，发现缺陷 38 条，处理 8 条。

（3）配电专业共排查了 16 条配电线路，发现缺陷或隐患 21 条，处理 13 条。

（4）电缆专业共排查了 110kV 电缆线路 10 条、35kV 电缆线路 12 条，发现缺陷或隐患 5 条。

（5）营销部共排查了 35kV 及以上用户站 22 座，10kV 用户站 35 座，35kV 用户线路 10 条。

附录4　案例：某冶炼企业电能质量问题及治理案例

本案例为矿热炉负荷用户电能质量问题及治理的典型案例

一、情况描述

某冶炼公司地处四川省西南部山区，当地水力资源丰富，具有发展小水电站的有利条件，由于地域条件限制，电力外送比较困难，而当地电网容量较小，廉价的电力适合于就地消耗。该公司就是充分利用当地的资源优势，发展冶炼工业。

某冶炼公司有110kV变电站一座，主要是由某110kV变电站供电。厂内变电站由两台主变（110kV/35kV，容量为40MVA），正常运行方式下，两台变压器的35kV侧并列运行，主要负荷为矿热炉。厂内110kV变电站主接线图如附图4-1所示。

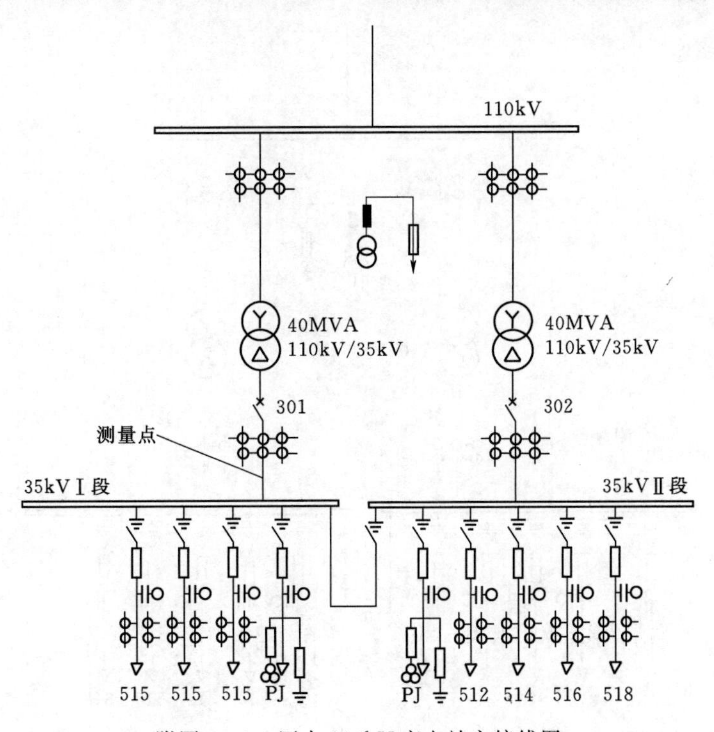

附图4-1　厂内110kV变电站主接线图

冶炼公司部分矿热炉投产后，产生了大量谐波，造成电网污染，使供电质量下降，对其他用户造成影响。针对谐波造成电网污染的情况，2004年初对供电系统的谐波进行了测量，并提出了治理方案。

对35kV侧301总进线处进行测量，110kV变电站的负荷率在65%左右，功率因数

0.86，测量结果为电压总畸变率最大为4.0%，谐波电流主要集中在3次、5次、7次。

治理前谐波电压畸变率和治理前总进线谐波电流测试结果见附表4-1和附表4-2。

附表4-1　　治理前谐波电压畸变率

基波电压	A相畸变率/%	B相畸变率/%	C相畸变率/%
33.6kV	3.8	3.6	4.0

附表4-2　　治理前总进线谐波电流测试结果

谐波次数	3	5	7
电流/A	3.4	3.7	1.5

注：基波电流为442A。

二、治理方案

根据测量结果，并考虑以后负荷增加到80%左右的情况，提出了治理方案，即增设滤波装置。滤波装置连接在35kV侧两段母线上，总安装容量32000kvar，共四个支路。滤波器安装接线图如附图4-2所示。

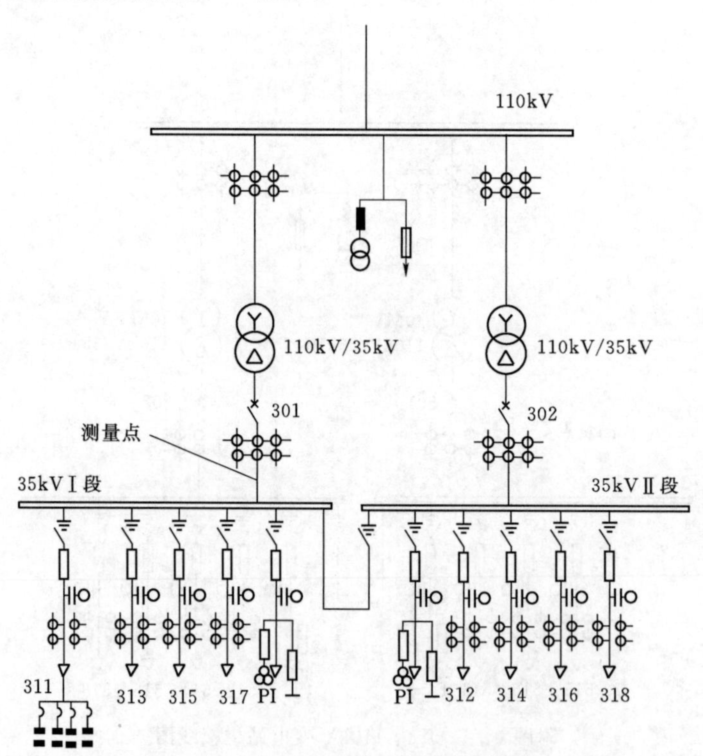

附图4-2　滤波器安装接线图

滤波装置投入运行一个月后，由甲方和设备制造方在同等条件下对谐波量进行测量。由测量结果可知，该回路的功率因数为0.95，电压总畸变率最大为2.2%，谐波电流主要集中在4次、5次、7次。

治理后谐波电压畸变率和治理后总进线谐波电流测试结果见附表4-3、附表4-4。

附表4-3　治理后谐波电压畸变率

基波电压	A相畸变率/%	B相畸变率/%	C相畸变率/%
33.6kV	2.2	1.9	2.1

附表4-4　治理后总进线谐波电流测试结果

谐波次数	3	5	7
电流/A	0	3.5	1.5

注：基波电流为408A。

经过对现场运行情况和测量结果分析可知，滤波器运行稳定，滤波效果满足GB/T 14549—1993的有关规定，并且提高了系统的功率因数，使35kV系统的平均功率因数0.95满足设计要求。

测量期间只投入F3、F4支路，待以后负荷增大，可根据负荷情况相应投入F5及F7支路。

附录5　案例：某半导体企业电压暂降案例

本案例为半导体用户电压暂降改善措施的典型案例。

1. 事件描述

某用户A是一家致力于半导体铸造的制造商，装备了先进的半导体生产线，提供晶圆制程工艺设计和制造服务。晶圆是硅半导体集成电路制作所用的硅晶片，通过在硅晶片上加工制作成各种电路元件结构，而使其成为具有特定电路功能的集成电路芯片产品。2011年3月10日，发生15台化学机械研磨设备停机事故，并导致83片芯片报废。

2. 事件原因

调用当日用户A电能质量在线监测装置日志，记录了一起电压暂降事件（三相电压暂降到额定电压的26%，持续时间为61ms）。现场运行人员指出事故期间有多个接触器脱扣。初步判断事故原因是化学机械研磨设备电气控制回路中交流接触器因电压过低造成电磁线圈无法吸磁，导致设备停机。利用便携式工业用电压暂降发生装置，对同型号的机械研磨设备进行电压暂降扰动测试。设置电压暂降发生器输出扰动为电压暂降至额定电压的26%，持续时间为61ms，研磨设备停机。从而可判定此次事故是由机械研磨设备电气控制系统中的交流接触器失压引起的。

3. 事件影响

用户A为全天24h连续生产，机台设备停机后，重启需要数个小时，给企业造成严重的生产损失。重启前需要进行生产环境的清理，恢复特定的生产温度、湿度及清洁度。所有环境指标测试合格后，才可重启机台，期间耗费的水、电、人力等重启成本数目可观。另外，研磨工序导致的芯片报废也带来较大的经济损失。

4. 治理措施

分析交流接触器电压暂降耐受能力，对于合理制定解决方案具有重要指导意义。通过对用户A交流接触器样品进行电压暂降耐受能力试验研究得出，该交流接触器在电压短时中断时，能够保持9.1ms不脱扣，在额定电压的43%以上时，能够保持不脱扣。

考虑同时治理电压暂降和短时中断问题，可供选择的治理设备有固态切换开关（solid state transfer switch，SSTS）和动态电压恢复器（dynamic voltage restorer，DVR）等。

（1）SSTS主要由并联快速开关PS1和PS2、反并联晶闸管开关TS1和TS2以及电力开关Q0、Q1、Q2等组成，SSTS原理图如附图5-1所示。

正常运行期间，由主电源给负载供电，并联高速机械开关PS1闭合，晶闸管开关TS1被旁路，电力开关Q0闭合。当主电源发生电压暂降，并且暂降幅值超过敏感负载正常运行所能承受的限值时，SSTS控制系统发出切换指令，PS1关断，同时触发TS1

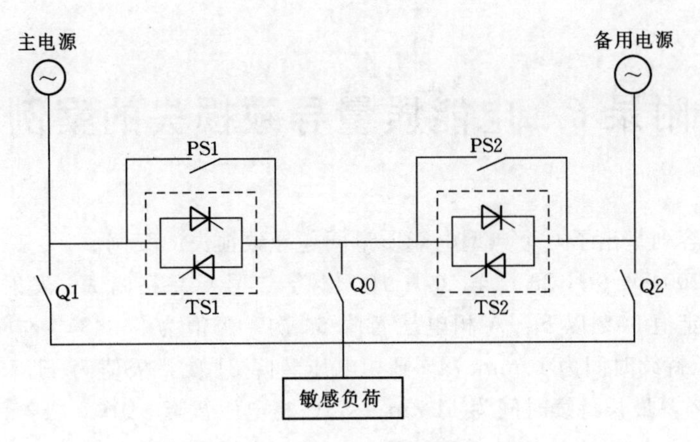

附图 5-1　SSTS 原理图

导通，电流立即转移到晶闸管上，在 PS1 打开时，几乎不会有电弧，即使有也会因为晶闸管的导通而迅速熄灭。然后撤销 TS1 的触发信号，晶闸管将在此后电流第一次过零时关断。随后触发另一侧的晶闸管开关 TS2 导通，备用电源开始给负载供电。此时，实际上已经完成了切换。待经过一段时间稳定后，控制系统再发出闭合 PS2 的命令，此时晶闸管 TS2 还在导通，两端压降接近于零，闭合 PS2 不会产生电弧，然后撤销 TS2 的触发信号完成整个切换过程。当 SSTS 需要维护时，通过电力开关 Q1 或者 Q2 来给负载不间断供电。

SSTS 两路电源典型切换时间为 5ms，不同品牌 SSTS 切换时间不尽相同，为了保证满足用户 A 的需求，需要进行 SSTS 性能测试，经测试，某品牌 SSTS 切换时间为 6.5ms，可确保机械研磨设备电气控制系统安全连续运行

(2) DVR 解决方案。DVR 是定制电力技术中常用的串联型电能质量调节装置，它相当于一个串联在电网和负荷之间的可控电压源，DVR 原理图如附图 5-2 所示。

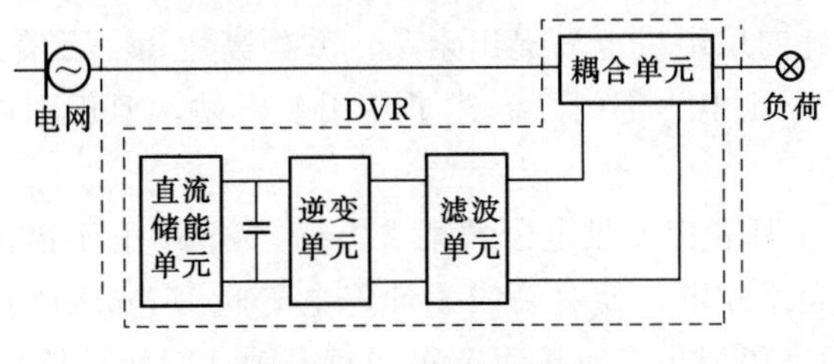

附图 5-2　DVR 原理图

当电网侧电压出现一定的暂降时，DVR 产生可控幅值和相角的电压分量，向电网加入需要的补偿电压，由此来维持用户负载电压处于正常水平，从而保证负载不受电网电压波动的影响。通过对某品牌的 DVR 进行多次试验研究，得到该品牌 DVR 补偿响应时间以及最大的补偿时长分别为 1.6ms、5.05s。测试结果表明该品牌 DVR 可以满足用户机械研磨设备电气控制系统安全连续运行。

附录6　电能质量导致损失的案例

本部分内容列举出了八个典型电能质量问题导致损失的案例。

案例一：2004年9月23日至10月19日风云二号C星在调试、发射期间，监测到电压暂降到额定值90%以下：A相电压暂降64次，极值为24.43V，电压暂降深度为57.69%，最长持续时间为10min37s。B相电压暂降81次，极值为41.59V，电压暂降深度为27.97%，最长持续时间为11min22s。C相电压暂降54次，极值为12.43V，电压暂降深度为78.47%，最长持续时间为4min。对于卫星发射的地面控制系统而言，此类型的电压暂降极易造成PLC控制器的指令系统出错，使计算机和数字存储设备产生数据丢失和运行不稳定等故障，这期间的电压暂降大大影响了卫星的调试和发射进度，所幸的是，通过对区域负荷的管控，未影响正常发射流程。

案例二：四川航天工业公司所属的某厂，是生产战略火箭中伺服系统的，其精密仪器的生产是在全封闭加工车间进行的，车间里采用了镝灯照明。该类负荷属于特殊照明系统，有两个明显的特征：其一是对电压波动以及电压暂降比较敏感，电源的扰动很容易导致装置掉电；其二是镝灯需要冷启动，即其掉电后不能马上恢复，需要等设备冷却以后才能重新启用。因此曾发生电压暂降导致整个车间照明失电长达十几分钟的事故。

该公司曾在某次停电事故后，给电力部门来函，提出再发生停电事故，要追究刑事责任的要求。

案例三：四川乐山的摩托罗拉菲尼克斯电子科技有限公司，是生产芯片等电子设备的高科技公司。每次电压暂降事故，都导致生产线上的芯片半成品大批报废，造成重大损失。另外，电压谐波等问题也会导致生产线的废品率大大上升。

菲尼克斯公司为此向乐山供电局提出索赔，款额高达400万美元。并要求电压暂降每年不能超过18次，乐山电力部门已修建了专用变电站，但仍不能从根本上解决电压暂降问题。

案例四：2002年4月，广安供电公司某220kV变电站由于谐波、负序电流的原因使保护动作两次造成全站停电，使襄渝线累计停电时间167min（引起7对客车、11对货车停运），铁路部门来函提出客车按每节车厢每分钟200元赔偿。

案例五：民航西南空中管制局所属的某导航雷达站，2006年7月，由于受电压暂降等供电质量问题的影响，导致某航班偏离航向，险些造成重大事故。四川电网谐波监测站对此进行长达一个多星期的连续监测，查明原因是该线路上另带有冶金负荷（现已解决）。

案例六：2002—2003年，英特尔公司决定在我国建芯片封装测试中心，上海、苏州、深圳、西安、成都五大城市参加角逐，其中电能质量指标是硬指标之一，由英特尔公司指派一家中立的电能质量公司（马来西亚）对上述五大城市进行专项测试。英特尔公司在成都高新西区某变电站连续测试长达100多天，直到与成都签约后的第3天仍要求电力部门回答测试期间发生的数次电压暂降的原因（四川电力部门专门新建了一个220kV变电站）。

英特尔公司称，由于电能质量原因造成的损失相当惊人，20世纪70年代造成1000多万美元的损失，80年代造成上亿美元的损失，90年代损失则达到数十亿美元，而进入2000年后，损失则猛增至百亿美元以上，其中30%以上都是电力电子开关引起的。其中因电压暂降引起的故障占31%。英特尔公司成都封装测试中心在每条生产线上都装有有源电力滤波器（active power filter，APF）和DVR。

案例七：南京电子网板有限公司，生产彩色显像管用的高精度电子网板产品，由于南京地区夏季高温潮湿，且雷雨天气多，因此，继电保护动作次数也较多，而继电保护的跳闸动作往往导致设备用电的电压暂降问题，进而导致生产线的停产事故。据调查，该公司总共有四条生产线，是世界最大的电子网板生产基地之一，每次电压质量问题造成的事故损失在120万元以上。

案例八：上海NEC-华虹一度是我国最大的芯片制造厂商，其生产线受供电电源干扰比较严重。若电源进线发生电压暂降，暂降幅值超过20%，时间延续4个周期以上，导致芯片加工生产线的精密机床受到干扰，产生大量废品，严重的甚至造成停产。每次发生电压暂降事故，一条生产线的损失平均达到40万美元。

参 考 文 献

[1] 肖湘宁. 电能质量分析与控制 [M]. 北京：中国电力出版社，2004.

[2] 郭永基. 电力系统可靠性分析 [M]. 北京：清华大学出版社，2003.

[3] 刘颖英. 智能化电能质量综合评估方法分析与比较研究 [D]. 北京：华北电力大学，2007.

[4] 赵霞，赵成勇，贾秀芳，等. 基于可变权重的电能质量模糊综合评价 [J]. 电网技术，2005，29 (6)：11-16.

[5] 李晨懿，汪坤，卢文清，等. 变频器对不同类型电压暂降的耐受特性研究 [J]. 电测与仪表，2018，55 (15)：1-7.

[6] 莫文雄，许中，马智远，等. 变频调速系统的电压暂降免疫度计算及关键参数设计 [J]. 电力系统自动化，2018，42 (18)：157-163.

[7] 涂春鸣，孙勇，李珺，等. 双 PWM 型动态电压恢复器的最大输出能力分析 [J]. 电工技术学报，2018，33 (21)：5015-5025.

[8] 江辉，彭建春，欧亚平，等. 基于概率统计和矢量代数的电能质量归一量化与评价 [J]. 湖南大学学报（自然科学版），2003 (01)：66-70.

[9] 崔灿，肖先勇，吴奎华，等. 基于 HHT 和特征离散化的电压暂降扰动源分类特征提取 [J]. 电力系统保护与控制，2018，46 (24)：8-15.

[10] GEORGE J，WAKILEH. 电力系统谐波——基本原理、分析方法和滤波器设计 [M]. 徐政，译. 北京：机械工业出版社，2003.

[11] 林海雪. 电力系统的三相不平衡讲座——第六讲　改善三相不平衡的措施（下）[J]. 供用电，1998 (5)：50-51.

[12] 林海雪. 电力系统的三相不平衡讲座——第六讲　改善三相不平衡的措施（上）[J]. 供用电，1998 (4)：51-54.

[13] 林海雪. 谈 IEC61000 系列标准文件对电网谐波国标的指导作用 [J]. 电力设备，2003 (2)：51-54.

[14] 林海雪. 电力系统的三相不平衡讲座——第四讲　三相不平衡的标准 [J]. 供用电，1998 (2)：49-52.

[15] 徐永海，兰巧倩，洪旺松. 交流接触器对电压暂降敏感度的试验研究 [J]. 电工技术学报，2015，30 (21)：136-146.

[16] 肖先勇，杨洪耕，刘俊勇. 电能质量问题的研究和技术进展（七）——电力市场环境下的电能质量问题 [J]. 电力自动化设备，2004 (4)：1-4.

[17] 杨洪耕，肖先勇，刘俊勇. 电能质量问题的研究和技术进展（六）——电能质量控制技术进展 [J]. 电力自动化设备，2004 (3)：1-5.

[18] 刘俊勇，杨洪耕，肖先勇. 电能质量问题的研究和技术进展（五）——电能质量监测与数据管理 [J]. 电力自动化设备，2004 (2)：1-4.

[19] 杨洪耕，肖先勇，刘俊勇. 电能质量问题的研究和技术进展（四）——电压波动与闪变的测量分析 [J]. 电力自动化设备，2004 (1)：1-4.

[20] 杨洪耕，肖先勇，刘俊勇. 电能质量问题的研究和技术进展（三）——电力系统的电压凹陷 [J]. 电力自动化设备，2003 (12)：1-4.

[21] 杨洪耕，肖先勇，刘俊勇. 电能质量问题的研究和技术进展（二）——供电网谐波的测量与分析 [J]. 电力自动化设备，2003 (11)：1-4.
[22] 杨洪耕，肖先勇，刘俊勇. 电能质量问题的研究和技术进展（一）——电能质量一般概念 [J]. 电力自动化设备，2003 (10)：1-4.
[23] 肖湘宁，徐永海. 电能质量问题剖析 [J]. 电网技术，2001 (3)：66-69.
[24] 肖国春，刘进军，王兆安. 电能质量及其控制技术的研究进展 [J]. 电力电子技术，2000 (6)：58-60.
[25] 马维新. 电力系统电压 [M]. 北京：中国电力出版社. 1998.
[26] 孙树勤. 电压波动与闪变 [M]. 北京：中国电力出版社. 1998.
[27] 徐永海，陶顺，肖湘宁，等. 电网中电压暂降和短时间中断 [M]. 北京：中国电力出版社，2015.
[28] CARAMIA P，PERNA C D，VERDE P，et al. Power Quality Indices of Distribution Networks with Embedded Generation [C]. Universities Power Engineering Conference，2006. UPEC'06. Proceedings of the 41st International，2006.
[29] DUGAN R C，MCGRANAGHAN M F，SANTOSO S，et al. Electrical power systems quality [M]. New York：McGraw-Hill，2002.
[30] JIN F U，LAN D，CHANGSONG G . Voltage sag state estimation based on electromagnetism-like mechanism [J]. Power System Protection and Control，2017，45 (10)：98-103.
[31] HUILIAN L，MILANOVIC J V，MARCOS R，et al. Voltage Sag Estimation in Sparsely Monitored Power Systems Based on Deep Learning and System Area Mapping [J]. IEEE Transactions on Power Delivery，2018，6 (33)：3162-3172.
[32] CAVALLINI A，FABIANAI D，MAZZANTI G，et al. Voltage endurance of electrical components supplied by distorted voltage waveforms Electrical Insulation [C]. Conference Record of the 2000 IEEE International Symposium.
[33] PARIHAR P，LIU E. Power Quality Services：Technologies and Strategies for Energy Providers in the Deregulated Market [J]. The Electricity Journal，1999，12 (9)：79-84.
[34] SAVAGHEBI M，GHOLAMI A，JALILIAN A. Transformer dynamic loading capability assessment under nonlinear load currents [C]. Universities Power Engineering Conference，2008.
[35] Institute of Electrical and Electronics Engineers，Inc. IEEE Recommended Practice for Establishing Transformer Capability when Supplying Nonsinusoidal Load Currents：IEEE Std C57. 110 - 1998 [S]，1998.
[36] CARPINELLI G，CARAMIA P，DI VITO E，et al. Probabilistic evaluation of the economical damage due to harmonic losses in industrial energy system [J]. IEEE Transactions on Power Delivery，1996，11 (2)：1021-1031.
[37] MONTANARI G C，FABIANI D. The effect of nonsinusoidal voltage on intrinsic aging of cable and capacitor insulating materials [J]. IEEE Transactions on Dielectrics and Electrical Insulation，1999，6 (6)：798-802.
[38] CLARKSON P，WRIGHT P S. Sensitivity analysis of flickermeter implementations to waveforms for testing to the requirements of IEC 61000-4-15 [J]. IET Science，Measurement & Technology，2010，4 (3)：125-135.
[39] Guide for Service to Equipment Sensitive to Momentary Voltage Disturbances：IEEE Std 1250-1995 [S]. 1995.
[40] Recommended Practice for Powering and Grounding Sensitive Electronic Equipment：IEEE Std

1100-2005 [S]. 1992.

[41] KETUT DARTAWAN，AMIN M，NAJAFABADI. Case study：Applying IEEE Std. 519-2014 for harmonic distortion analysis of a 180 MW solar farm [C]. 2017 IEEE Power & Energy so ciety General Meeting，2017.

[42] GROOT BOERLE D J. EMC and functional safety，impact of IEC 61000-1-2 [C]. IEEE International Symposium on Electromagnetic Comnatibility，2002.

[43] HALL K. EN/IEC 61000-3-2 harmonic analyzer evaluations [C]. International Symposium on Electromagnetic Compatibility. 2004.

[44] LEUCHTMANN P，SROKA J. Transient field simulation of electrostatic discharge (ESD) in the calibration setup (ace. IEC 61000-4-2) [C]. IEEE International Symposium on Electromagnetic Compatibility. Symposium Record，2000.

[45] Halpin S M，Beaulieu G. Update on revisions to IEC Standard 61000-3-7 [C]. IEEE Power Engineering Society General Meeting. 2006.

[46] GUNTHER E. Harmonic and Interharmonic Measurement According to IEEE 519 and IEC 61000-4-7 [C]. Transmission and Distribution Conference and Exhibition，2006.

[47] Naibo Ji. Steady-state signal generation compliant with IEC61000-4-30：2008 [C]. Electricity Distribution (CIRED 2013)，22nd International Conference and Exhibition on. IET，2013.

[48] IEEE Recommended Practices for Emergency and Standby Power Systems for Industrial and Commercial Applications：IEEE Std 493-2007 [S]. 2007.

[49] 全国电压电流等级和频率标准化技术委员会. 电能质量公用电网谐波：GB/T 14549—93 [S]. 北京：中国标准出版社，1993.

[50] 全国电压电流等级和频率标准化技术委员会. 电能质量电压波动和闪变：GB/T 12326—2008 [S]. 北京：中国标准出版社，2008.

[51] 全国电压电流等级和频率标准化技术委员会. 电能质量三相电压允许不平衡度：GB/T 15543—2008 [S]. 北京：中国标准出版社，2008.

[52] 全国电压电流等级和频率标准化技术委员会. 电能质量供电电压允许偏差：GB/T 12325—2008 [S]. 北京：中国标准出版社，2008.

[53] 全国电压电流等级和频率标准化技术委员会. 电能质量暂时过电压和瞬态过电压：GB/T 18481—2001 [S]. 北京：中国标准出版社，2001.

[54] 全国电压电流等级和频率标准化技术委员会. 电能质量电力系统频率允许偏差：GB/T 15945—2008 [S]. 北京：中国标准出版社，2008.

[55] 全国电磁兼容标准化技术委员会. 供电系统及所连设备谐波、间谐波的测量和测量仪器导则：GB/T 17626.7—1998 [S]. 北京：中国标准出版社，1998.

[56] 全国电压电流等级和频率标准化技术委员会. 电能质量术语：GB/T 32507—2016 [S]. 北京：中国标准出版社，2016.

[57] 全国电压电流等级和频率标准化技术委员会. 电能质量公用电网间谐波：GB/T 24337—2009 [S]. 北京：中国标准出版社，2009.

[58] 全国电压电流等级和频率标准化技术委员会. 电能质量电压暂降与短时中断：GB/T 30137—2013 [S]. 北京：中国标准出版社，2013.

[59] 中国机械业联合会. 供配电系统设计规范：GB 50052—2009 [S]. 北京：中国计划出版社，2009.

[60] 中华人民共和国住房和城乡建设部. 医疗建筑电气设计规范：JGJ 312—2013 [S]，北京：中国建筑工业出版社，2014.